建材門市經營全攻略

裴智 著

從傳統到現代的經營智慧

迎戰網路時代的轉型與創新，
從基礎到專業，全面提升經營效能

經營家居建材門市所需要的智慧和策略
了解如何成為一位真正的門市老闆
在這競爭激烈的市場中脫穎而出

目錄

目錄

目錄

序言

最重點式、最簡單的營運管理才最有效！

這是在家居產業從業多年的人看完本書後的最大感受。我在多年的招商工作中，一直在思考，什麼樣的老闆是合格的老闆？老闆日常管理應該做哪些內容？老闆只要出資就可以了嗎？見過一些老闆凡事親力親為，把自己弄得焦頭爛額，可實際效果卻讓人絕望。有多少老闆想要當「慣老闆」，可是當經營遇到困難的時候徹底束手無策。有多少老闆到了自己的店裡，要麼頤指氣使，要麼戰戰兢兢無從下手。也有不少老闆花了大錢參加各種培訓，在會場激動無比，回到店裡卻發現無一可用。

其實作為家居門市的所有者，如何應用技巧保持店面正常營運，這才是老闆的工作，也是老闆最大的出資！

本書從管理的核心出發，抓住制度、激勵、授權這三個管理精髓，告訴我們的老闆如何授權，如何建立自己的團隊，如何選取自己的店面執行者。以此延伸，進而圍繞銷售和資金流，對廣告、資金管理、品牌營運、庫存管理幾個營運面向進行了詳細的闡述。最後展望產業發展，為家居建材專賣店的網路發展做出了指引。本書系統性、完美地對家居建材專賣店中老闆應該做的工作給出了詳細的指導和幫助，

序言

落實從日常管理中提高銷量。

因為重點式所以容易理解記憶，因為簡單所以方便操作，因為詳細所以更有參考價值。

這種從根本出發、抓住核心要點、簡單並有大量實際案例的書籍才對銷售和經營最有價值。因為它告訴你的不只是條列式，更是一種管理思想、一種經營者的思維方式。

作為老闆，只要掌握了這本書的十項內容，就是一個運籌帷幄、決勝千里的真正經營者！

第一章
真正的家居建材門市老闆

乍一看這個標題，你可能會想，我每天都像勤勞的老牛一樣忙忙碌碌、兢兢業業，誰敢說我不是一個稱職的家居建材門市老闆？可是，要知道，身為一名家居建材門市的老闆，你是整個門市的掌舵人，只有你這個掌舵人把自己的工作做得稱職、合格，門市的生意才能興隆！

第一節　定位精準，跳出錯誤

當你決定創業那刻起，你就知道自己必須要努力奮鬥了，因為一旦不努力，或許就會血本無歸。於是，你開始每天都像勤勞的老牛一樣忙忙碌碌、兢兢業業，不可謂不敬業，但是否忙得有結果、是否有用，我這裡就不敢恭維了。因此，如果你希望自己的事業越做越大，那就必須明白什麼事才是家居建材門市老闆真正應該做的事。只有明白了這一點，你付出的努力才會有事半功倍的效果。

那麼，怎樣才能成為一名合格的家居建材門市老闆呢？

定位精準，找到自己的目標

我要告訴你的第一點就是：作為一名家居建材門市老闆，首先要做的事就是精準定位，找到自己的目標。因為一切有目的的行為都始於對目標的確定，缺少了目標的指引終歸會迷路。因此，做任何事情都不要「忙」，也不要「茫」，更不要「盲」，而應該從正確的目標開始，想清楚、看清楚你的目標是什麼，確定了以後就馬上行動。要知道，準確的定位及目標是成就事業的前提，是催人奮進的動力，是你獲得成功的基石。所以，只有有了正確的目標，你心中的動力才會找到方向，才能讓自己的事業更上一層樓。

我曾經看過這樣一則寓言故事：一隻老鷹從很高的岩石上向下俯衝，用牠的利爪抓在小綿羊身上，獵走了小羊。穴鳥看到了，心裡想自己一定比老鷹強，就模仿老鷹的動作，飛到綿羊身上，沒想到腳爪卻被綿羊彎曲的毛纏住拔不出來。牧羊人發現了，就跑過去把穴鳥的腳爪剪掉，把牠帶回去給孩子們玩。孩子們問這是什麼鳥，牧羊人說這是穴鳥，但是牠卻自以為是老鷹。

透過這個故事，我想讓你明白，做正確的事，就是要根據自己的能力做最適合自己的事情。既不要妄自菲薄，對自己沒有信心；更不能沒有自知之明，把目標定得太高。作為一名家居建材門市老闆，要根據自己的實際情況確立一個自己真正力所能及的目標，也就是定位要精準。

身為家居建材門市老闆，你陷入了哪些錯誤？

多年的觀察和研究使我發現，身為一名家居建材門市老闆，很多人除了不能做到精準定位外，還容易陷入一些失誤。回想一下，從開業以來，你每天都在勤勞地工作，努力經營自己的事業，每天都拖著自己疲勞的身體去奮鬥著，你覺得你的付出總會有回報！

但結果呢？情況似乎並不樂觀，業績始終不理想，這究竟是哪裡出錯了呢？現在請你靜下心來思考一下：你每天都在忙些什麼？下面這些情景是不是經常會發生在你的身上呢？

情景 1：

店員說：「老闆你在啊，過來幫我一下嘛，有個客人選了好多東西啊，但是總要我算便宜點，我做不了主，你幫我洽談一下嘛！」

先生，你好……（此時身為老闆的你，成了門市的「王牌店員」）

像這樣的事情，本屬於店員應該做的事，然而，身為老闆的你，卻代替店員做了，而且做成了以後，業績還是店員的，佣金也是店員的。都說「富人」的錢是「節省」出來的，身為老闆的你，未必也太大方了吧！

情景 2：

老闆：你好啊，歡迎光臨 XX 建材，今天想看點什麼啊？

顧客：我隨便看看。

老闆：好的，你隨便看看吧！有需要的時候告訴我。

你真的以為顧客會找你嗎？我不排除有這樣的可能性，但你的成交機會真的不大。顧客購買產品的時候需要你為他服務。小餐廳和五星級酒店的區別是什麼？就是服務，有的時候小餐廳的味道可能會比五星級酒店的要好。如果你的家居建材店能有小餐廳的味道、五星級酒店的服務，那你的生意一定好得不得了。

以前的家居門市，多數都是家族經營，現在把事業做大的各位家居店老闆請回顧一下，是不是都請了員工，按照企業管理的方式管理的？原因很簡單，因為家族經營做不大，因為人的精力有限，因為現在的市場競爭太大。如果你想做大就必須要公司化經營。不懂，那你只有去學習了。如果你不想做大，那你就更慘了，要麼被廠商淘汰，要麼被市場淘汰。結果都樣，死路一條！因為，身為老闆的你，必須記住我這句話：「學習力才是競爭力。」身為老闆的我們必須與時俱進！

情景3：

鈴、鈴、鈴……

「什麼爛家具啊？剛買怎麼就壞了，我要退貨！」電話那邊，客戶氣憤地說道。

「好的，我馬上去您家裡看一下，一定幫您解決。」店員說道。

「老闆，有個客戶要退貨，需要你來處理一下哦。」店員撥通了老闆的電話。

「哦，你請他等我一下，我現在在客戶家安裝家具呢，等我回去再說。」（老闆變成了幫助客戶安裝家具的師傅，變成了售後維修的師傅）

身為老闆的你，應該是一個運籌帷幄的將軍，而不應該是一名什麼都幹的士兵，如此一來，你請的那些員工又有何用呢？因此，我想告訴你的就是，老闆是不必事必躬親的，如果事事都要自己去做，那就實在是落入了陷阱。

情景 4：

「搞什麼，公司最近給的預算怎麼這麼少啊！」

「什麼？又要投錢做廣告啊？上次投了效果很一般，這次就不投了吧。」

當你遇見困難的時候，你總是在抱怨。可是，抱怨有用嗎？只看到問題還不夠，你應該迎難而上，努力找到解決問題的辦法。也許有的老闆會說：「我解決不了。」請問這是一個老闆應該說的話嗎？說句得罪你的話，廣告投的沒效果，你自己就沒有責任嗎？你的事業做不好是你所代理的產品公司的問題嗎？還是你所管轄的區域經理的問題？所有的問題都是你的問題，是老闆的問題。

員工做得不好可以跳槽，老闆做得不好就只有跳樓了。兔子和獵狗的最大區別就是，兔子是在逃命，而獵狗僅僅是為了工作而已。身為老闆的你，要明白自己的身分，你是兔子而不是獵狗，所以你必須想盡一切辦法活下來！

情景 5：

「小王啊，這個年齡還沒結婚啊？你也該考慮一下了。」（過多地干預下屬的私人生活）

上面的這些情景中，其實沒有一個是老闆該做的事情。看看你做過多少呢？正是由於你陷入了這些失誤，總是在做自己不該做的事，才導致你浪費了太多的時間和精力在不必要的事情上。這樣一來，本該屬於你做的事，反倒沒有做好。因此，如果你希望自己的家居門市發展壯大，那就必須謹記我的話，跳出這些失誤！

在市場上靠結果說話

當你能夠找到自己的核心目標，並跳出了這些失誤之後，你的家居門市才算是真正走上了軌道。那麼，這個時候，你又該怎麼做，才能成為一名真正合格的家居門市老闆呢？事實上，我想讓你知道的是：忙不等於有結果，如果你想把自己的門市做大做強，那就要在市場上讓結果說話，靠結果在市場上樹立競爭地位。

現在就讓我透過一則故事給大家講解一下什麼是結果。我們暫時把故事中的人物叫做老張，故事就叫做《老張挖井》。

老張是一名員工，每天都勤勞地工作。有一天他接到了一個任務：一個人去挖井。老張接到了工作後非常認真，仔細看了所要挖井的土地。老張一共準備了 4 種鐵鍬，經過仔細分析後，只有一種鐵鍬適合挖這塊土地的泥土，於是，老張開始用這種鐵鍬努力地挖。然而，10 天過去了，連一滴水也沒挖出來。這讓公司造成了損失，使得公司賠償了這個村子2,000元。

如果你是這位老張的老闆，你準備怎麼處理老張呢？簡單一點說就是，處不處罰老張呢？

挖井是結果嗎？挖井找到水才是結果，如果沒挖到水，不能叫做挖井，最多算挖洞。老張的工作態度多好啊，可是就是沒有結果。在很多家居建材門市中，也有類似這樣的情況。例如，有個銷售人員跟了老闆快10年了，工作態度很好，可作為銷售人員的她，就是銷售的不怎麼樣。各位老闆，你的店裡需要的是什麼樣的人？是銷售人員，是能把你的產品轉化成現金的人，而銷售的結果與工作態度好不好沒有關係。所以，你要給你所有的員工樹立結果意識，銷售人員就是靠業績吃飯，沒有業績一切都是浮雲。因此，工作態度不等於工作結果。我們專賣店需要的是能提供結果的人。

我一直這樣認為：做不做，態度問題；做好做壞，能力問題。很多人總是認為，只要我去做了，我就沒有責任了。自己最少是沒有功勞，也有苦勞，這是很多人在日常工作中去完成任務時的心態。但是，完成任務的本身只是一個過程，而身為老闆的你，要的是一個結果，並且是一個令人滿意的結果。因此，你必須讓你的員工明白，要把完成任務和得到結果區分開來。不能有當一天和尚敲一天鐘的想法。

只要你的員工能給你一個好的結果，那麼他就是一個優秀的員工；相反，如果你的員工不能給你一個好的結果，那麼他的任何理由和藉口都只是在為他的無能做辯解。

所以，我想讓你明白一個道理，那就是：只要結果，不要藉口。朝向結果，努力前進，就一定能得到它！在面對銷售目標的時候，你和你的員工們都需要一個「一定要實現」的決心。為了銷售目標的達成，所有人都必須要堅持信念，永不放棄。

各位老闆，我想請你們回想一下，在你們的家居建材門市中，這樣的場景是否似曾相識：店裡因為工作區域的劃分，打掃的時候員工還會吵架，說這個區域不是我的，我的區域是 XX 地區，這個區域是 XX 人的，是她的沒掃乾淨。問 XX 人在哪裡，說是今天家裡有事請假沒來，所以這個區域沒打掃，不能怪我。

看似這個員工對自己的工作負責了，但僅僅是對工作任務負責，並沒有對工作的結果負責。工作職責是對工作邊界的抽象概括，沒有結果一切都是浮雲。所以，你要讓你的員工們樹立這樣的思維：做工作讓結果說話。

總之，我說了這麼多，就是想讓身為老闆的你轉變一下思路。事實上只要你有心，就沒有過不去的坎，也沒有做不成的事。因為成功只會眷顧有心人，只要你努力，就一定會成為一個合格的老闆。

第二節　目標管理，全面掌控

當你的家居建材門市有了精準的定位後，接下來你要考慮的事就是準確的目標管理了。所謂目標管理，是以目標為導向、以人為中心、以成果為標準，使組織和個人取得最佳業績的現代管理方法；是員工積極參與，自上而下地確定工作目標，並在工作中實行自我控制，自下而上確保目標實現的過程。因此，準確的目標管理是經營管理的重中之重，同時也是家居建材門市全面性掌控的重中之重。

目標管理的原則

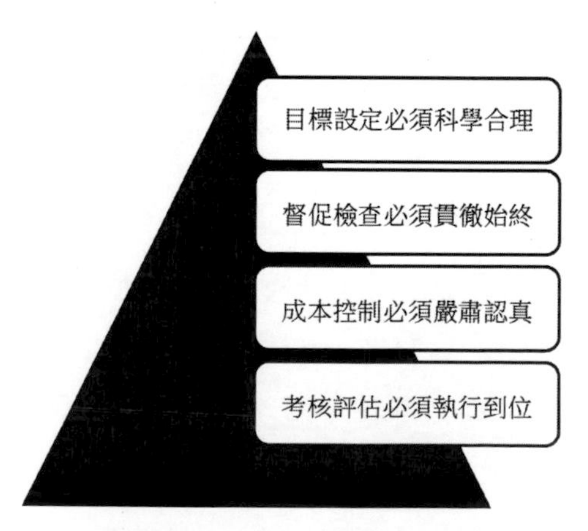

圖 1-1 明確目標管理

1. 目標設定必須科學合理

目標管理能不能產生預期成果，首先取決於目標制定是否科學合理，脫離實際的目標輕則影響工作流程與成效，重則影響團隊的積極性和穩定性，影響經營發展大局。

2. 督促檢查必須貫穿始終

目標管理的關鍵在管理，管理過程有絲毫懈怠都可能貽害無窮。管理者必須隨時追蹤每個目標的進展，發現問題及時協商，及時採取正確的補救措施，以確保目標的實現。

3. 成本控制必須嚴肅認真

目標管理以目標達成為目的，容易讓人輕視成本管理，特別是遇到困難可能影響目標實現時，往往會採取一些應急手法，導致實現目標的成本不斷上升。作為管理者必須對成本作嚴格控制，既確保目標實現，又把成本控制在合理範圍。

4. 考核評估必須執行到位

任何目標的達成，都必須有嚴格的考核，根據目標完成情況給予團隊成員獎罰，真正達到表彰先進、鞭策落後的目的。

以我多年的經驗來看，只有當你明確了目標管理後，你才能真正做到有的放矢，掌控全局！要知道，作為一名家居建材門市的老闆，你是整個門市的掌舵人，所以，全面性的能力就顯得尤為重要。準確的目標管理，會使你有一個正確的大方向，能有效避免你犯一些顧此失彼或因小失大的錯誤。既然掌控全局對一個老闆來說非同小可，這就必然要求各位家居建材門市的老闆要多多加強這方面的素養，努力提高駕馭全局的能力。

第三節　打造專屬自己的團隊

一個人的精力和才幹是有限的。就如唐三藏西天取經，若是沒有孫悟空一路的降妖除魔，豬八戒、沙悟淨的互相照應，豈能取得真經？對於家居建材門市的老闆來說，同樣如此。只有擁有屬於自己的核心團隊，你的事業才會越做越大！

然而，我在市場調查中卻發現，有很多家居建材門市的老闆都不太懂得建構團隊及留住人才的重要性。正因如此，在這裡我才要專門針對這個問題來做個解答。

為何不讓你的團隊離你而去

很多的老闆都抱怨說銷售人員不好請，回想一下是什麼時候出現這種情形的，是開業前還是開業後呢？我想多數是開業之後吧，開業前為什麼會有那麼多人來你這裡工作呢？難道員工的離開都是他們自己的原因嗎？

當然，不排除有他們自己的原因，但更多是不是由於你這個老闆留不住人呢？至於留不住人的原因不外乎就兩點：一點是錢給得不滿意，一點是工作得不開心。所以，如果你希望留住你的核心團隊，那麼首先要做的就是：別吝嗇你的金錢！因為財聚人散，財散人聚！人家來這裡工作簡單地說就是為了錢，錢並不能代表全部，但錢能造成關鍵作用。

說到這裡我希望你能換位思考，當你在工作的時候需要的是一個什麼樣的工作環境呢？如果是我的話，我會選擇一個可以讓我開開心心賺錢的地方，我要追隨一個有魄力、有魅力的老闆，我會喜歡一個在一起工作和諧的團隊。

我曾拜訪過一位家具店的老闆，他經營得非常不錯，300坪的店面，每年的銷售額都在千萬元以上。在與老闆攀談的過程中，我發現他的團隊非常厲害，因為他把其他家具店的店長都請來了。他告訴我在他那裡「沒有明確的店長」。這證明他的團隊角色分工明確，團隊氣氛很和諧，每個人都知道自己要做什麼，該做什麼。老闆經常都是半個月在店裡，半個月不在店裡，而不管他在與不在，店裡的生意都照樣正常運轉。

這老闆輕鬆吧！你想當這樣的老闆嗎？我希望你能記住，一個人的時間和精力是有限的，所以你必須要有人協助。因此，趕快建立你的團隊吧，這是你的店成功的第一步！

說到這裡我希望你能好好想一下，並且最好是站在員工的角度想一下。他們是如何看待你這位老闆的呢？你給他們的印像是「剛愎自用」還是「虛懷若谷」呢？

要知道，如果你是剛愎自用的人，你給員工留的印象就是固執己見、自以為是，聽不進別人的任何意見，如此又怎麼會有人願意追隨你呢！或許你認為你給他們的是好的、是對的，但這是他們想要的嗎？

認清團隊與團體的區別

從表面上看，團隊和團體的區別不大，但實際上，它們的本質就不同，有口才的人和善於傾聽的人才能組成團隊。所以，在團隊溝通的時候就要一個一個地說，不要七嘴八舌地亂嚷嚷。

此外，溝通中更重要的在於傾聽。作為門市老闆的你，要了解團隊當中每個成員的想法，這樣才能知己知彼，因材施教。決定一個團隊是否優秀的要素有很多，如團隊精神、團隊氛圍、目標管理、領導力、執行力、溝通能力、計畫能力、合作能力、應變能力等。

在整個團隊建立的過程中，初期非常重要，尤其在選才、惜才、育才、用才和留才這五個方面要非常注意，考慮周全，以免在後期的工作中留下人難管的問題。

接下來為了能讓你更加直接地了解團體和團隊的區別，我想讓你先看以下兩個組織架構圖：

在團隊工作中，每個成員都能相互幫助，相互協助，擁有相同的位置，但在團隊中所扮演的角色卻不一樣；而工作團體卻顯然不是這樣。如果用數學公式來表示團體和團隊的區別就是：

團體 1 ＋ 1 ＝ 2，團隊 1 ＋ 1 ＞ 2

以上我說了這麼多，相信你已經了解到團隊的重要性了。那麼，接下來我們再來看如何做才能留住你的核心團隊。

怎樣做才能留住核心團隊

我在市場調查中發現，很多老闆都跟我抱怨好的人才難找，更是難留。好的員工為什麼留不住呢？接下來我們就一起來分析一下人才流失的原因及解決方案。

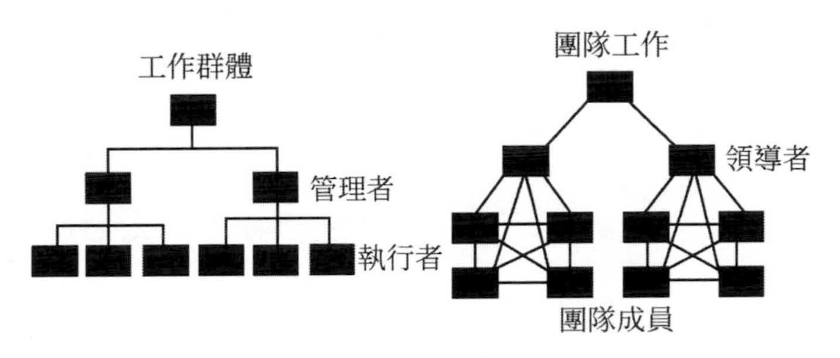

圖 1-2 組織架構圖

1. 待遇不公

人才不能留住，最主要的原因，就是員工覺得自己的付出沒有得到公正的回報。這種不公正主要展現在薪資待遇的不公正，老闆們可以自己設想一下：

1. 在你們店裡，員工的收入是不是與他的個人職位、能力和貢獻大小相符合？有沒有完善的長期工作獎勵制度讓員工有衝勁，有幹勁？
2. 老闆們可以想一下，你給員工的薪資待遇與同業比較，是否過低呢？要知道人往高處走，只要員工了解到憑自己的能力可以在產業內的其他家店獲得更高的薪資，那麼員工跳槽就是理所當然的事情了。

參考解決方案：

如果我是老闆，我會開出同產業最高的薪資，做出最嚴厲的考核，這樣我在人才選擇上才更有機會。當然，給出同產業偏高的底薪，但底薪需要有業績的考核。同時讓員工了解，銷售人員是靠業績吃飯的，沒有業績一切都是零。

2. 內部「戰爭」

在對店家的輔導中，我也經常聽到這樣一些來自店長的抱怨：

「小王在銷售工作上確實無可挑剔，業績也很凸出，每次都是遙遙領先。但是她卻仗著銷售業績好，不服從管理，我行我素，也不考慮他人的感受。我又沒辦法，老闆認為只要有業績就行。」

像這種情況，如果做老闆的不能及時注意到自己團隊內部發生的變化，就有可能導致一個或多個員工出走。而出走的代價，不僅僅是培養他們的時間和精力，還包括他們所帶走的營運手法、客戶資源以及培育新的團隊需要付出的時間及精力。

在團隊中，我們將這類人稱之為「超級業務員」，也是團隊危險訊號之一。團隊需要的是整體的行動力、銷售力、目標完成率等，而這種人雖然個人能力強大，能獨當一面，在團隊中常常以絕對的銷售業績遙遙領先，但卻對組織紀律散漫，好大喜功，目空一切，這會影響整個團隊的和諧性。

3. 這山望著那山高

對於「這山望著那山高」的員工，有些老闆認為他們不能視門市的利益為自己的利益，一有機會就會跳槽；但是另一些老闆卻認為，有著「水往低處流，人往高處走」的想法的員工是有目標的員工，是不願意混日子的人。我個人比較贊同後面的看法。其實對這類員工，關鍵就在於你如何引導。

參考解決方案：

由於超級業務員的銷售能力是任何團隊都需要的，因此面對這種矛盾時，領導者常常無所適從。在這裡我教你一招，那就是一定要和這樣的超級業務員溝通好，要讓他從思想上轉變。當然，如果溝通無效，影響團隊整體發展的話，那就只能捨棄了。

參考解決方案：

如果你有這樣的員工，那麼就需要你幫他完善職業規劃，制定更高的業績目標。你可以讓這種有幹勁的員工每個月都有新的挑戰，同時給他更多精神上的關懷。在他的業績做到很好的時候，試著讓他帶領團隊。誰說店裡只能有一個店長？有兩個可以嗎？有三個可以嗎？可以有副店長嗎？答案當然是肯定的！

要知道，在門市裡，一人強並不是真的強，只有整體業績上去了，才是真正的強大。因此，身為老闆的你可以輔佐他，讓他為自己打造一支能戰鬥的團隊。當他真正跳槽離職的時候，不至於使得店內業務因他的離開而停滯。

4. 不在其位，難謀其政

我曾開過一次主題為戶外推廣的課程。7天的內訓課程，白天實際操作，晚上開會總結培訓，每天都忙到半夜12點。不過培訓的效果很好，老闆回去都能很好地運用。

但是，有的老闆回去後，就安排店長去開發「戰地」。因為涉及經濟上的問題，店長根本不能做主，向你彙報過後你又不能快速給出答案。幾次後，店長都疲憊了，做著做著就沒了消息。有的老闆還安排銷售人員去做，可是一旦涉及錢的問題，他們就沒有那個權力了，你也沒有授權給他們，你覺得這件事情他們能做好嗎？

參考解決方案：

像以上這些事，都是身為老闆的你應該做的，而不是做個慣老闆，讓員工去做超出自己分內的事。所以，如果你想留住你的員工，就一定要分工明確，更不能把自己該做的事交給員工做。

5. 廟小和尚大

我在做市場調查時，經常會聽到老闆用無奈又惋惜的口吻說：「要怪也只能怪我這座廟小，供不起大佛。」每當聽到這樣的聲音時，我總是忍不住會問：「為什麼當初這尊大佛會選擇你這個小廟？為什麼這尊大佛是做了一段時間才選擇離開呢？」這樣想，你就會發現，問題不在那個離開的人才身上，而在於你沒有好好把握，沒有給他施展抱負的空間，更沒有把他當作發展的重要夥伴。

參考解決方案：

其實這樣的員工之所以選擇離開，就是因為他們覺得憑自己的知識、技能應該得到更大的平臺，而店裡沒有提供這樣的平臺。

曾經有一個門市，老闆將他的店長視為自己的兄弟，他知道以店長的能力完全可以在更大的公司發揮優勢，但是他卻用他的方式把這位人才留為己用。他根據自己門市的發展情況，派這位店長外出培訓，回來改善門市的經營狀況，並讓他建立自己的團隊。

所以，只有讓員工在這裡做得開心，並能實現自己的價值，得到他人的認可，才能真正提升員工的向心力。也就是說，你要把大和尚變成廟的一部分，這樣他自然就能在你的廟裡留住了！

6. 造反失敗，落荒而逃

總有一些老闆一天到晚在店裡忙，與店員交流起來也很隨和，但是卻會遇到這樣的煩惱：他的團隊裡總有那麼一兩個能力凸出，但是愛拉幫結派的人，更有甚者，他的員工聯合起來逼迫老闆。今天要求加薪，明天要辦活動的時候，工作卻被他們聯合起來抵制了……

像這種情況，就是因為老闆的隨和鑄成了員工的肆無忌憚。而老闆雖然心裡不忿，但又不敢辭退這個人，怕他走了其他人也會走，同時也覺得失去這樣的菁英會比較可惜。當然，還有一種老闆，則會把所有人都開除，因為覺得可以再重新招人。

事實上，這兩種方法都不可取，都太極端了。

參考解決方案：

人們常說：養虎為患！其實情況發展到如此糟糕的地步，身為老闆的你，也負有不可推卸的責任。因為他們的肆無忌憚、拉幫結派正是由你一手慣成的。對於這種不良行為，正確的做法應該是趁早扼殺在萌芽之中，而不是聽之任之，使之發展到無法挽回的地步。

7. 挖牆腳

常聽到一些店老闆得意揚揚地告訴筆者：「XX 的能力很凸出，業績很好，是我從競爭對手那裡挖來的。」也有店老闆抱怨自己的員工被別人挖牆腳挖走了。無論是挖別人的牆腳，還是被別人挖牆腳，老闆都需要考慮一個問題：為什麼這些牆腳能被挖動？為了防止人才流失，怎麼做才能不被人挖牆腳？真的被人挖了牆腳，又有什麼措施來彌補？

牆腳易動，除了員工的問題外，老闆還需要考慮一下自己的問題。好員工放在哪裡都能發光發亮，但是好員工的需求在你那裡是否得到了滿足呢？他的回報在同產業裡是否偏低呢？他在你那裡獲得的精神慰藉夠嗎？你是不是僅僅把他看成你的賺錢工具，而不是事業合作夥伴呢？

參考解決方案：

當反思了以上問題後，為了防止被挖牆腳，老闆就應該制定一套公平但又有效率的獎懲機制，以及製造一個能夠凝聚員工的家庭氛圍，讓每個員工在這個大家庭裡得到善待；最後，老闆應該始終把員工培訓放在一個重要的位置，這樣不至於走掉一個優秀人才就後繼無人了。

總之一句話，對於人才一定要謹記三點：重用、善待和駕馭！只有做到這三點，你才能建構一支真正屬於自己的菁英團隊，同時你才能在這個團隊的幫助下創造輝煌！

第四節　培養優秀店長，管理事半功倍

所謂「麻雀雖小，五臟俱全」，對於一個家居建材門市來說，店長的重要性是不言而喻的。店長是老闆的左右手。有一個好的店長，你會發現這個老闆當得實在是很輕鬆！因為你的店長把店裡所有的管理工作都一手包辦。如果你的店長不給力，那麼不僅門市的業績上不去，你這個老闆也會不省心。

所以，你要努力把店長培養成為你的「鎮店之寶」。如此的話，你將會受益無窮。

店長，你的「鎮店之寶」

事實上，店長之所以顯得特別重要，完全是由店長的特殊角色決定的。在一個門市中，店長所要承擔的責任很多，所掌握的權力也很大，只有店長做好，整個門市的生意才會蒸蒸日上。

經過我的總結，店長所要扮演的角色主要有以下幾種：

1. 代表者

試想一下，如果我們在一家餐廳裡吃飯，突然發現菜裡有根頭髮，會找誰？去找廚師嗎？服務生嗎？不會。我們一定怒氣沖沖地說：「叫你們經理出來！」為什麼叫經理出來？因為只有經理才能代表這家餐廳。

在門市裡也一樣，當老闆不在的時候，店長就是代表者。在員工的面前，誰代表老闆？同樣還是店長。因為很多員工見到老闆的機會可能不多，而店長卻是每天都要見。所以，只有培養好店長，才能使得店長在正確下達和執行你的命令的同時，還能在你的門市中獨自撐起半邊天。

2. 指揮者

這一點是店長現場管理的基礎。請你回想一下，你的門市每天的工作是如何開始的。一般來說，在準備開店營業之前，店長都會把員工聚在一起開早會。一方面，總結昨天的銷售情況，分享成功銷售的經驗；另一方面，則是分配和安排當天的工作。所以，只有培養好你的店長，他才會成為一個好的指揮官。

3. 鼓舞者

由於門市每天的工作大部分都是重複作業，因此員工做久了難免會倦怠。這個時候，就需要店長說些鼓勵的話，以鼓舞員工的士氣。我經常說從一個店的狀況可以看出一個店長的性格，一個性格開朗的店長帶出的門市是蒸蒸日上的，相反一個死氣沉沉的門市後面一定有一個不很「陽光」的店長。

4. 教導者

有的店長常常抱怨現在員工沒有以前聽話，或者是員工的能力不夠。事實上，對一個優秀的店長來說，如果員工不聽話，或者是能力平平，往往應該先從自己的身上找原因。是不是自己平時太嚴格？是不是太不近人情？有沒有給員工傳授自己的經驗？在員工不懂的時候，你給予了良好的指導嗎？總之，不會培養員工的店長不是好店長，店長只有成為一個好的教導者，才能帶出一支優秀的隊伍。

同樣地，不會培養店長的老闆也不是好老闆。以上這些角色也只是店長所扮演角色中的一部分，事實上，店長在門市中還發揮著更重要的作用。因此，身為老闆的你，一定要花時間將店長培養成為你的「鎮店之寶」。

如何安排店長的工作

既然店長的角色如此重要，那麼你又該如何安排店長每天的工作呢？以下便是我按照不同時間的工作安排：

1. 晨會 8：30 至 9：00

1. 人員到位。
2. 提前十分鐘到達，做好員工簽到考勤準備。
3. 自我檢查儀容、儀表：工作服裝整齊，佩戴識別證。
4. 開晨會（30 分鐘）：檢查人員儀容、儀表；總結前一天工作中需改進和完善的部分；安排當日工作、團隊激勵。

2. 賣場巡視 9：00 至 9：30

1. 巡視照明設備、音響設備、空調、辦公設備及用品（電話、傳真、POS 機器等）運作正常。
2. 巡視店內、店外主要區域及廁所、倉庫、顧客休息區、櫃檯等環境整理。
3. 檢查賣場商品、裝飾品、價格張貼布置情況。
4. 監督、檢查人員在各自區域內的工作情況。

3. 營業中 9：30 至 17：30

1. 巡視人員業務接待情況。
2. 檢查商品、價格等的復位情況。
3. 糾正人員的工作失誤。
4. 接待大宗客戶。
5. 處理營業中的突發事件（投訴、異議等）。
6. 抽查工作：抽查客戶回訪，客戶登記等工作。
7. 訂貨單與現金的稽核。
8. 按照回訪記錄打電話回訪已售出產品情況，處理售後情況。

4. 營業結束 17：30 至 18：30

1. 巡店檢查：檢視人員情況，檢視燈光、設備是否關閉，防火裝置檢查，門窗是否鎖好。
2. 檢視當日銷售紀錄相關報表；做好提貨、補貨、備貨安排；整理相關紀錄。
3. 收銀員交接工作的及時監督：物、錢、帳核對情況無誤。
4. 向老闆彙報情況。
5. 做好次日晨會內容準備。

以上這些內容是店長每天都必須要做的事。當然，除此以外，店長在空閒時間還要安排相應的補貨、收貨及對周邊訊息的收集。

補貨：

補貨即補進貨源，也就是根據銷售狀況及時補充產品，確保產品不缺貨。店長需及時向公司了解目前的活動產品及各地暢銷產品，讓店內產品盡可能滿足商場需求。對於在店內擺放較長時間的產品要適時送貨，並及時更新店內產品，兩個月內必須更換產品。

收貨：

A. 檢視箱子外包裝有無破損方可收貨；

B. 店內接貨按公司的出庫清單，逐一點貨；

C. 對照點貨數量，稽核發貨單據，如有差異及時連繫總部。如無異常情況，在收貨單上進行簽字；如有異常情況，則在收貨單上進行注明。

對周邊資訊的收集

A. 競爭對手的商品情況／促銷情況，特別注意與在公司產品相近的同質化產品價格調整，及對手的新品推出情況；

B. 周邊同一產業商家的促銷情況，特別是同價格體系、同類別產品、同產地產品的促銷情況；

C. 市政規劃（有助於非店面開發）；

D. 將收集的資訊記入「店長管理日誌」，每日一次將訊息進行總結，上報公司，特殊重大訊息應實時上報。

如果想將你的店長培養成「鎮店之寶」的話，就必須要讓你的店長了解自己每天的工作及任務，只有明白自己要做什麼，並盡職盡責地去完成，才能真正成為一個合格的店長。

如何留住你的店長

當把店長培養成左膀右臂後，接下來該做的就是如何留住優秀店長，而這個問題也是很多老闆關心的事。因為員工離職了可以再找，但若是一個優秀的店長離職了，則將會給你帶來很大的損失。先不說門市工作短期內不能順利發展，即使你再重新培養一個店長，也是需要很多時間和精力的。

我認為，如果想留住你的店長，第一個要考慮的因素就是報酬。這一點是最基本也最重要的。如果你的店長無法獲得合理的報酬，無法滿足個人發展的需要，那麼就很難長久留住優秀店長。所以，對於店長的報酬，你一定不能吝嗇。只有店長賺得多，你這個老闆才能賺得多。

對於店長應得的報酬，你可以分為基本薪資、獎金、福利津貼及變動收入等幾個部分。總之，你給店長的報酬，絕對不能低於同業，甚至要比同業稍高才行。

當然，除了報酬要讓店長滿意外，還要讓店長在你店裡工作得開心，這就需要你給店長提供一個良好的工作環境和成長環境，要讓店長在門市內有良好的發展前景。

總之，優越的報酬可以讓店長得到物質的滿足，而良好的工作和成長環境則可以讓店長獲得精神的滿足。只要你做到了這兩點，就一定能留住你的店長。

第五節　忘掉老闆身分：你是一名銷售人員

作為一名家居建材門市的老闆，首先你要明白自己是整個門市的核心和中樞，是說一不二的掌舵人，因此你要做好管理者和統籌者的角色。

然而，我還想告訴你的是：每個人的角色都是多變的，雖然大多時候，你需要謹記自己的老闆身分，做老闆該做的事；但在門市的銷售上，你卻需要忘記自己的老闆身分，只當自己是一名銷售人員。

你的門市剛剛開業的時候，並沒有那麼多銷售人員可以指揮，需要自己披掛上陣，那麼此時，你就應該懂得一些銷售技巧，這樣才能幫助門市開啟局面，並在未來給予員工更好的經驗指導。

事實上，當消費者進門的時候，一場關於銷售的戰爭就已經拉開了序幕！那麼，身為老闆的你，如果身處下面的情景中，你會是我說的哪種銷售人員呢？

情景 1：

當有顧客進到我們門市的時候，銷售人員抬頭看了一眼，又繼續忙自己的事情去了，沒有主動熱情地迎接顧客，因為在他的心裡這根本就不是我們的買家。

情景 2：

當有顧客進到我們門市的時候，銷售人員看到了，很高興地跟著顧客走，可是還沒介紹幾句，顧客就轉身離開了，銷售人員又失望地回到了自己的位置上。

情景 3：

當顧客進到我們門市的時候，銷售人員看到了，熱情地說了一句「歡迎光臨」，態度一直很好，一直很耐心地幫助顧客做介紹，但客戶說要做一下比較，或者說要和家人商量，總之找了一些藉口之後就離開了。

很多人也許會問，難道就沒有成交的嗎？我們再來看下成交的情景：

顧客問道：「你們這個家具多少錢？現在打幾折？還能不能便宜點？」「我幫你問一下店長，我幫你問一下老闆。」結果以很低的價格成交了！

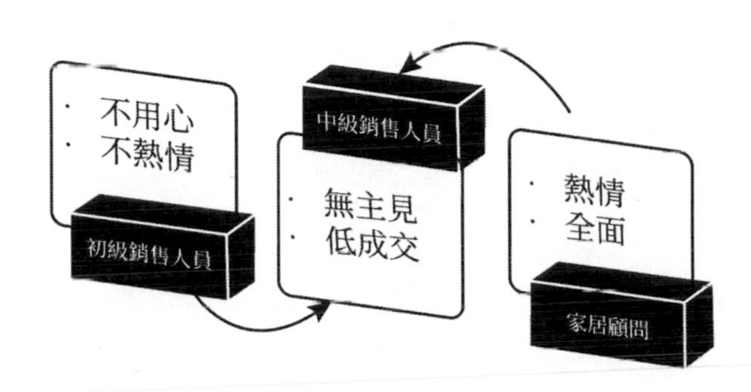

圖 1-3 銷售層次

當然了，上面只是我說的大多數情景，如果你做得比上面好，那麼恭喜你，你應該算是中級以上銷售人員。所謂的高級銷售人員就是我們平常說的家居顧問了。

在這裡，我模擬了一段家居顧問與客人的對話，你來仔細體會一下，看家居顧問和你現在的推銷有什麼不同。

顧問：你好，歡迎光臨南方家居。（停頓 3 秒，觀察顧客）大哥／大姐（按年齡進行稱呼，以下按大哥進行稱呼），今天準備看沙發還是家具呢？

顧客：我準備看看沙發／家具／隨便看看／都要看（可了解顧客需求）。

顧問：（帶顧客到指定區域）大哥，家裡的裝潢風格是簡約的還是歐式的？

顧客：我家裡裝潢就是簡單裝潢的。

顧問：大哥，你房子在哪裡呢？

顧客：我在 XX 街上的 XX（大樓名稱）。

顧問：我們這裡有好多產品可以挑選。房子格局有沒有改變過？是不是還是，一進門的時候就有一個小的走廊，進門的左手邊是廚房……

顧客：嗯，都沒改過。你對我們大樓滿熟的！

顧問：是啊，那棟大樓好多住戶都在我們這裡挑選家具。大哥你家的裝潢主要顏色是什麼顏色呢？

顧客：淺色的。

顧問：大哥，你家在幾樓，房子是朝哪裡？

顧客：你問這個和我買家具有關係嗎？

顧問：是這樣子的，主要看看你家的採光，這樣可以幫助你選家具／沙發的顏色。大哥你喜歡什麼顏色的？家裡就你和大嫂兩個人住呢，還是和父母一起住呢？

顧客：5 樓面東。沒和父母一起住。我喜歡淺色的沙發／家具（需求為沙發）。

顧問：小孩多了大呢？（5 歲）這個時候小孩最淘氣了。怎麼今天小孩沒和你一起來呀……大哥，你家的主色比較淺，孩子又比較小，我建議你可以選深色的沙發，這樣家裡的客廳看起來有層次感，又不容易髒。大嫂打掃環境的時候，也沒那麼辛苦。家裡的客廳多大呢？

顧客：是的（無論回答什麼）。7 坪多吧。

顧問：來，大哥，你坐在我們的沙發上感受一下，買不買都沒關係。

（當顧客坐在沙發上的時候，要讓顧客的手去觸碰沙發的材質。如果顧客要起身的話，千萬要攔住，這時候讓他靠在沙發上感受一下是否舒服。這是塑造產品的品牌形象。邊讓顧客體驗邊塑造產品的價值，介紹賣點，凸出材質的與眾不同。然後再讓顧客看沙發的內部結構，講解結構的不同、原材料的環保效能。）

顧客：嗯。還不錯，你也滿專業的。這沙發多少錢！

顧問：大哥，家裡的其他家具選了沒？衣櫃是內嵌的呢，還是準備買呢？

顧客：還沒呢！都要選。

顧問：這樣，大哥你要是覺得滿意，我先把這個記下來，然後等產品都選完了，一起算價格，好吧？大哥，沙發是客廳的門面，買了要用好久，這樣我再幫你選一個，你做個比較好嗎？

顧客：好的！

作為一名成功的家居顧問應該具備很多能力與素養。當你買產品的時候是喜歡對你很熱情的銷售人員呢，還是喜歡對你冷冰冰的、愛理不理的銷售人員呢？我想所有的消費者都一樣，一定會喜歡對你熱情服務的銷售人員。

所以家居顧問首先要具備的素養是熱情，銷售人員本身就需要熱情；其次是你的專業程度，我們所指的專業是廣泛的，千萬不要僅限於家具產業，還包括裝潢的基礎知識、色彩的搭配、裝飾品與家具的搭配、與客戶溝通的技巧之類的。

總之，做為銷售人員，就必須努力讓自己成為一個通才，很多方面都要了解一些，這樣你才能與客戶找到共同的話題。當你具備這些條件後，即使你不會百分百成交，你的成交率也會提高很多。

案例南方家居年度目標大揭祕

一、經營數據分析

每月 20 日前，區域經理、經銷商老闆及店長共同對經營數據進行分析。

- 進店顧客數據分析。
- 銷售毛利率分析。
- 產品銷售占比分析。

- 業績來源分析。
- 新房地產訊息分析。
- 滯銷、暢銷商品分析。
- 目標完成情況分析。

二、分配下月目標

每月 20 日前，區域經理、經銷商老闆及店長須共同確定並分配下月經營目標，然後根據累計完成銷量和下月任務計畫下月銷量目標。

目標分配：將目標分配到每個家居顧問每週的量（盡可能分配到每天每人），詳細分配見表 1-1。

設定要求：制定 3 級目標。

三、達成目標的困難點與因應措施

列出影響目標達成的主要困難點及主要解決辦法。

四、達成目標的工作計畫

產品計畫：制定產品銷售占比和毛利失衡改善方案，滯銷商品處理方案及新品引進計畫。

促銷計畫：制定改善人流量計畫及促銷執行計畫。

社群推廣：制定社群推廣執行計畫及實施方案。

表 1-1 銷售目標分解表

南方家居XX專賣店4月銷售目標分配表																
本月目標	考核目標（萬元）	50			衝刺目標（萬元）			60			挑戰目標（萬元）			66		
家居顧問	姓名	考核目標分配(萬元)														
		第1週			第2週			第3週			第4週			合計		
		考核目標	奮鬥目標	挑戰目標	考核目標	奮鬥目標	挑戰目標	考核目標	奮鬥目標	挑戰目標	考核目標	奮鬥目標	挑戰目標	考核目標	奮鬥目標	奮鬥目標
	小麗	1.5	2	2.25	2	2.5	3	6	7	7.5	3	3.5	3.75	12.5	15	16.5
	小美	1.5	2	2.25	2	2.5	3	6	7	7.5	3	3.5	3.75	12.5	15	16.5
	小文	1.5	2	2.25	2	2.5	3	6	7	7.5	3	3.5	3.75	12.5	15	16.5
	小李	1.5	2	2.25	2	2.5	3	6	7	7.5	3	3.5	3.75	12.5	15	16.5
合計		6	8	9	8	10	12	21	28	30	12	14	15	50	60	66

激勵計畫：制定達成目標的團隊激勵計畫。

培訓計畫：根據業績分析制定員工輔導和培訓計畫。

其他計畫：年度規劃需要完成的工作事項及需要本月完成的事項。

五、計畫執行追蹤管理

1. 對月度工作計畫安排的工作事項，每日追蹤其執行、落實情況，及時解決執行過程中遇到的問題與困難，確保各項工作順利完成。
2. 密切關注並分析員工的工作績效，及時發現員工心態變化和能力欠缺，協助員工解決問題與困難，集中或單獨培訓提升員工能力。

3. 日常經營管理中遇到如下問題需及時與區域業務經理或總部經理連繫解決：

A. 獲知競爭或潛在競爭品牌擴張、新連鎖店開業。

B. 獲知競爭品牌舉行或即將舉行週年慶等大型促銷活動。

C. 當地政府舉辦的大型人文活動。

D. 無法解決的客戶投訴。

E. 媒體公開我司品牌及競爭品牌負面消息。

F. 其他需要立即溝通的事項。

強化激勵

每日用當月業績表公布業績，表彰業績優秀的員工，激勵團隊的積極性。

第二章
與總部合作，維繫良好關係

家居建材用品市場的前景很廣闊，正因如此，很多創業者才紛紛加入該產業。然而，在開家居建材門市時，難免有老闆會遇到一些經營上的困難。在這個時候，就需要你積極和總部溝通，向總部學習經營理念和經驗。不過，我在這裡要強調的一點就是：凡事都有一個準則，向總部借鑑經驗沒錯，但也不能過分依賴總部，而要從自己的實際出發。要知道，沒有調查，就沒有市場發言權。

第一節　配合總部需求，借鑑經驗

什麼是加盟店？

所謂的加盟，就是該企業組織授權給加盟主，讓加盟主可以用加盟總部的形象、品牌、聲譽等，在商業的消費市場上，招攬消費者前往消費。而且加盟主在創業之前，加盟總部也會先將本身的經驗傳授給加盟主，並且協助創業與經營，雙方都必須簽訂加盟合約，以達到事業之獲利為共同的合作目標。

在了解了以上關於加盟店的概念後，相信各位老闆對於加盟店和總部的關係已經有所了解。是的，總部和加盟店是互利共贏的關係。你的家居建材門市作為一個品牌加盟店，總部就是你的堅強後盾。所以，身為家居建材門市的老闆，你一定要好好利用加盟店的優勢，積極從總部借鑑經驗，這會讓你少走很多不必要的彎路。

那麼，作為加盟店有哪些優勢呢？又可以向總部借鑑哪些經驗呢？

1. 由於總部擁有的連鎖系統、商標、經營技術都可以直接利用，比起自己去獨創事業，在時間上、資金上與精神上都減輕不少負擔。對於完全沒有生意經驗的人來說，可以消除不安，在較短的時間內入行。

2. 開業前的職前訓練等種種準備工作都可以從總部獲得協助。並且在開業後，也可以定期邀請總部的人來做各項指導。
3. 對於總部來說，加盟店的成功就是總部的成功，所以，總部一定會不遺餘力地幫助你。而你正可以利用這一點，當你的家居建材門市的經營出現問題後，可以向總部尋求幫助，以使你度過難關。
4. 由於總部統籌處理促銷、進貨乃至會計事務，所以能使加盟店專心致志地投入到銷售工作中去。
5. 在你開始創業的時候，一定會面臨如何選址這個問題，如果你對自己沒有什麼信心的話，可以向總部諮商選址經驗。
6. 如果你是獨自創業的話，一旦出現競爭對手，那麼你就只能孤軍奮戰；如果你是家居建材的品牌加盟店，你就可以向總部尋求支持。

總之，總部以優秀的品牌、科學的管理、周到的售後服務給予加盟方實惠，而他們帶來的是規模上的優勢、品牌知名度上的提高、地理空間上的拓展和利潤的增加。所以，作為一家家居建材品牌加盟店，總部就是你的堅強後盾，你完全沒有孤軍奮戰的必要。

當然，任何事情都具有兩面性，在你向總部借鑑經驗的同時，總部也會對你的銷量定一個目標。因此，你要做的就是，在向總部借鑑經驗的基礎上，也要積極配合總部的需求。要知道，成功的家居建材加盟店應該和總部合作無間、各司其職，只有這樣，你的家居建材門市才能和總部實現雙贏。

第二節　不要太仰賴總部

或許各位家居建材門市的老闆都明白，開加盟店最大的好處是能直接借用總部的金字招牌，並藉助總部的經驗，從而降低投資和經營的風險。但是，有了總部做後盾你就可以高枕無憂了嗎？總部的一切模式都是對的嗎？總部的經驗一定適合你的門市嗎？

事實上，對於加盟者來說，「複製」總部經營場所的環境、氣氛和產品後，並不代表就可以高枕無憂了。在經營過程中，加盟者一定會涉及財務管理、人事管理、開拓市場、同業競爭等諸多因素，而且各個加盟店會因為地方習俗、所處市場、競爭環境等的不同，與總部存在很大差異。

因此，我透過研究分析得出：要想穩定地獲利，就不能過分依賴總部，而是加盟者必須在把總部的經營理念、運作方式等吸納為自身可用的方法的基礎上，培養出一套適合自己的經營管理理念。

然而，據我所知，很多門市都犯了過分依賴總部的錯誤。舉一個最簡單的例子：想想看，身為家居建材門市的老闆，你平時是怎樣定位自己門市的銷量呢？

很多老闆會說：「如何定位，如何確定銷售數量，這不是我的工作，而是總部給我們下達的目標！是管理我們的業務經理給我定的目標！我們跟著公司總部走！」

很好，能跟著公司總部是對的。可是我現在要問你的是，公司給你定的目標不正確該怎麼辦呢？

請你仔細想一想，總部對你當地的市場情況了解嗎？如果回答是否定的，那銷量數據是怎麼來的呢？是依照損益平衡計算，還是直接依照總部整體目標分配的？到你這裡你就要承擔這麼多，今年這一年你就要有這麼多的業績量。

好了，不管總部給你定的目標是多少，我認為你只能把總部定的目標定為基礎目標。你自己，還要定自己的目標。如果總部給你定的目標高了，你必須要和你的區域業務經理進行溝通，並上報總部，然後再重新確定一個業績量。因為你只有完成了目標，總部才會給你傭金，這也是家居建材門市加盟商盈利的手段之一。

我在這裡講到這一點，其實就是想要你明白，雖然可以向總部借鑑經驗，雖然可以按照總部的要求經營，但任何事情都有一個原則，如果過分依賴總部就不對了。正確的做法應該是凡事都要從自己的實際情況出發，發現問題詳細分析。只有這樣，你才能走出一條適合自己的創業之路，你的生意也才能越來越好！

第三節　透過調查，建立市場發言權

前面我已經講過，如果你希望自己門市的生意越來越好的話，那麼就不能太過依賴總部。那麼，怎樣才能知道什麼經營理念和方式適合自己呢？途徑只有一種，那便是從實際情況出發，做好市場調查。因為沒有調查，就沒有市場發言權。要知道，調查研究是一切工作的前提和基礎。

拿上一節中的例子來說，家居建材門市的銷售目標定多少是非常重要的，而這個目標，是由你自己確定，不是一味地按照總部走。那麼，我們該如何確定自己的銷售目標？

這個問題說簡單也很簡單，那就是當你在定銷售目標之前，你要看一下市場有多大。也就是說，你需要進行銷售目標的計算。

其實市場預測的方法很多，隨著科學技術的進步，預測手段日趨先進。而我個人在研究過程中也總結了一些可以預估市場的參考數據指標，其方法如下：

1. 了解競爭對手的銷售數字；
2. 了解當地產業的銷售情況與現有同產業門市面積大小；
3. 當地人均收入水準，指標性產業的情況；
4. 同產業中暢銷產品的變化情況；
5. 當地新建案的數量、品質，房屋每坪單價、銷售情況、交屋情況；
6. 上下游產業鏈的發展情況，建材、裝潢、家電等情況；
7. 對當地銷量有影響的政策，如社會住宅、都市更新等相關法律、法規政策等。

事實上，只有透過上述數據的建立與了解，你才能清晰地知道你應該如何確定銷售目標。

以上只是我舉的一個關於市場調查訂定銷售目標的例子。事實上，不管是銷售目標還是門市經營其他方面的內容，都應該在積極進行市場調查的前提下再確定方向。

總之，市場調查是家居建材門市進行重要決策的基礎。科學的調查研究能將紛繁複雜甚至散亂無序的訊息科學地進行蒐集、整理、分析，從而形成與決策目標高度相關的數據並有效地支持決策。目前，調查普遍運用於門市的行銷計畫與執行中。因為市場調查可以為確定顧客和潛在顧客的需求、分析，並檢測如何比競爭對手更好地滿足需求這兩方面提供訊息基礎，是門市始終立於不敗之地的訣竅之一。

第四節　別忘了，你為什麼要開這間門市

我在培訓課程上，總是強調這句話：「問問你自己，你開門市的目的是什麼？」

我之所以提出這個問題，就是為了讓學員永遠記得：開一家家居建材門市，不是隨波逐流，更不是做遊戲，而是真槍實彈的一場商業戰爭！如果你都不知道你自己應該是小兵還是將軍，應該是行銷還是規劃，那麼你怎麼可能經營好一家家居建材門市呢？

簡而言之，想想自己的門市意義，就是給自己定位的過程。

那麼，現在請跟隨我的思路，讓自己門市的意義和模式逐漸清晰起來：

1. 企業經營管理的目的：盈利！
2. 企業經營管理的目標：創造客戶資源（家具是耐用消費

品，非日用消費品，平均使用週期為 5 至 8 年，因此創造客戶資源是經營成敗的關鍵）！

3. 企業經營管理的方法：提高客戶滿意度（品質、交期、維修、價格）！
4. 企業經營管理的手段：增加客戶附加價值！
5. 企業經營的行銷工具：廣告＋促銷等！

當你確定了經營思維後，你自然確定了自己應該做什麼，而不是茫然而動，或是一味聽取總部的意見。也就是說，方向很重要，知道自己要幹什麼很重要。當你明白了這一點後，接下來圍繞著賣場的經營思路，我們也就有了準確的經營管理模式。

如果是一家新店，那麼萬事開頭難。所以，對於一家新店而言，你要做到的事情是：

市場調查到位；區域選址到位；店面面積規模到位；店面按圖裝潢到位；產品陳列組合到位；裝飾品配置布置到位；產品合理定價到位；商業氣氛包裝到位；銷售技巧培訓到位；廣告宣傳投入到位；銷售服務滿意度到位；市場變化應對措施到位；店面行銷管理到位；暢銷產品庫存到位；廠商配合支持到位。

如果你的門市已經成立了一段時間，那麼接下來你要做的，就是在原有的基礎上，做好這十六個管理細節：

行政會議管理；銷售目標管理；工作紀律管理；品牌形象管理；商品陳列管理；商品價格管理；市場訊息管理；售後服務管理；廣告促銷管理；安全合理的庫存管理；店面安全管理；店面培訓管理；店面財務管理；銷售流程管理；銷售訂貨管理；銷售薪資管理。

無論你身在哪個階段，以上這些問題，都是要不斷解決和完善的，這樣你才能永遠記得自己的定位。當然，新店 15 條與老店 16 條法規，在隨後的課程中我會不斷展開討論，從而幫助你在事業的道路上永遠定位精準。

第五節　相互合作，與總部其他門市共創雙贏

生意場上沒有永遠的朋友，也沒有永遠的敵人，只有永遠的利益。

這句話似乎人人都耳熟能詳。然而，我在市場調查中發現，很多家居建材門市的老闆在面對自己的同業時，卻很少能做到這一點。其實他們之所以做不到，就是因為受到「同業是冤家」的傳統觀念的影響。的確，「同業是冤家」這句話沒錯。但任何事情都有兩面性，這句話只說出了同業之間

的競爭關係，而卻忽略了同業之間也可以是合作的關係。

事實上，在現代商海中，有很多透過合作取得成功的例子，可以說，合作機制已經越來越受經商者的歡迎。雖然商場如戰場，但商場又不完全等同於戰場。在戰場上，總要決出勝負，總要有一方倒下，而商場不一定如此。如果你們之間的合作能夠實現雙贏的話，那麼為什麼非得爭個兩敗俱傷呢？

所以，有時候你不妨換一種思維來看問題，不要對你的同業總是抱著仇敵的心態。如果你們在競爭中又有合作，反而能優勢互補，使市場變得更大。尤其是與總部其他門市合作的話，絕對可以獲得更多的利益。

優勢互補，市場反而更大

家居建材市場品項繁多，有人需要沙發，有人需要地板，有人兩者都需要。假如你和總部其他家居建材門市攜手合作，其實市場反而會更大。

說到這裡或許有人會問，如果要和其他家居建材門市合作的話，應該用哪種合作方式呢？關於這點，我可以給你兩點建議：

1. 複合式開店

所謂複合式，就是採取分租店面的方式開店。當然，前提是店址要選在較為熱鬧繁華的地段，要保證有川流不息的人群。因為只要潛在客戶多，就不怕沒有好業績。而複合式開店的優點更在於：與合作夥伴共用一個店面，不但可以節省房租，而且有可能因為彼此產品的不同，形成優勢互補，從而收到相輔相成之效，兩者的家具也會因此增加銷量。

2. 複合式促銷

複合式促銷和複合式開店的道理一樣，就是在節假日做促銷活動的時候，兩家家居門市可以一起做大型促銷。這樣一來，一家的客戶同時也是另一家的客戶，那麼市場反而就會更大，銷量自然也就更高。

例如，你的家居店以地板磚為主，那麼，與牆面油漆家居店進行複合式促銷，是不是就可以幫助雙方的產品優勢互補，刺激銷售呢？

所以，有的時候，如果你能變通一下思維，那麼就會發現結盟能夠帶來更多豐厚的收益。甚至，你還能與競爭對手成為合作夥伴。

合作中的注意事項

雖然與總部其他門市合作可以達到雙贏的目的，但由於每個人的性格不同、追求不同，這就有可能導致合作方之間出現矛盾。所以，在確定合作之前，你一定要對你的合作門市進行調查。因為合作就像婚姻，一個忠誠可靠的合作夥伴能促使雙方的事業更上一層樓；一個狡猾奸詐的合作夥伴則可能給你的門市帶來負面影響。

所以，我想提醒你一點的就是，在你選擇合作夥伴時，應該注意以下原則：

1. 志同道合是首選

既然要合作，既然要共事，那麼你就一定要找個志同道合的夥伴。

「志」指的是目標和動機。如果在做生意的目標和動機上都有分歧的話，那麼進一步的合作就很難繼續下去，甚至會導致失敗。正因如此，所以才需要你選擇志同道合的合作夥伴，只有這樣，才能真正實現雙贏的目的。

2. 誠信重諾是根本

孔子曰：「人而無信，不知其可也。」意思是說，一個人不講信用，是根本靠不住的。在生意場上的合作也是如此，可以說，誠信是對合作夥伴的最基本的要求。如果你還不清楚對方是否具備誠信，千萬不要貿然和對方合作。一定要明白「一著不慎，滿盤皆輸」的道理，要知道，假如對方不誠信，那麼就很有可能會毀掉你的事業。

3. 合作夥伴要德才兼備

當你在選擇合作夥伴時，一定要觀察對方是否德才兼備。僅僅只有才能還不行，關鍵還要有德行。一般來說，你的合作夥伴在有經商頭腦和魄力的前提下，還必須是一個正義的人，是一個守信的人，而不能是見利忘義的人。總體來說，德與才兩者缺一不可，因為重德輕才，往往會導致與庸人合作；重才輕德，又會導致與小人合作。無論是庸人還是小人，與之合作注定是要失敗的。

4. 勇於、善於「吃虧」

人們常說吃虧是福，其實是很有道理的。因為不肯吃虧的人，往往只能看到眼前的利益，而看不到長遠的利益。這種人總是會為了貪一時的小利而得罪人，自以為很聰明，其實是最傻的。在商場上，對這種愛耍小聰明的人，沒有人會願意與其合作。所以，如果你想獲得長遠的利益，那就一定要勇於、善於吃虧。同樣地，在你選擇合作夥伴時，也要選擇那些勇於、善於吃虧的門市。只有這樣，你們才能合作愉快。

總之，只要你在和對方合作時，注意以上我說的幾點，那麼你就一定能在與對方的合作中獲得豐厚的利益。

第三章
招兵買馬，建立強大的團隊

如今的你，隨著業務的不斷拓展，單憑一個人在店內已經很難應付所有的事情。因此，建立屬於自己的員工團隊，成了從初級躍升為中級門市的核心。要知道，能否打造一支實力堅強又忠心耿耿的核心團隊，決定了你的門市究竟是發展成為一家大店面，還是只能在單人店面的模式中碌碌無為。當然，在招兵買馬之後，更重要的則是把自己的團隊打造成一支菁英團隊，只有這樣，你的事業才能夠越來越茁壯。

第一節　招募：重視那些帶小孩的求職者

如果你想要建立一支屬於自己的菁英團隊，那麼首先要做的就是招兵買馬。而在招兵買馬之前，你一定要明白，你需要的，是什麼樣的人才。

你需要的，是什麼樣的人才

經過我多年的分析，一家家居建材門市，最適合的員工就是 30 歲左右的女性，有四五歲的小孩，家庭條件一般，需要工作來滿足家庭開支的，這樣的女性員工在你的門市中會做得比較長久。因為，她們需要一份能夠不斷賺錢，並擁有晉升空間的職務來養家，而不是賺零用錢。同時，她們的年紀比年輕人更加成熟、比年老人更加有活力，所以自然是家居建材門市銷售人員的主力軍。

在你進行招募員工時，一定要注意找到真正適合的員工。千萬不要覺得哪個漂亮就要哪個，哪個難看就不要！更不要忽視那些帶小孩的求職者！要知道，適合你的，才是真正的人才。

你已經知道什麼樣的人才是適合你的員工，那麼接下來，我們要做的事情很簡單：做好招募流程，提前將那些不適合你的應徵者掃地出門！

招募，就是建立團隊的開始

招募，首先需要的自然是應徵者的履歷表。一般來說，家居門市的履歷表，通常使用這樣的形式：

表 3-1 履歷表

姓名：____ 性別：____ 出生年月：____ 民族：____
身分證字號：__________ 教育程度：____
戶籍地址：____ ______市 郵遞區號：
__________ 電話：________
婚姻狀況：________ 緊急聯絡人電話：________
電話：________

貼相片處

項目	時間	學校	科系	學歷	畢／肄業
教育程度					
培訓經歷	時間	培訓機構	方式	所獲證書	頒發人
工作經歷	起訖時間	公司名稱	職位	公司電話	薪資
備注	以上本人情況均屬實，如有弄虛作假本人自願接受立即解雇處分，無須公司任何賠償。本人同時授予家具門市調查所提供資料之真實性的權利。 申請人簽名： 日期：	（身分證影本張貼處）			

當你拿到這份履歷表後，自然就會對應徵者的基本訊息有一個充分的了解。完全不適合的，我們就可以將其篩除；能夠進行進一步考察的，我建議，你可以詢問以下這幾個問題：

1. 銷售人員是一個什麼樣的工作？
2. 為什麼選擇這份工作？（了解他的家庭情況，以及他對這份工作的動力源自於哪裡）
3. 銷售人員如何實現銷售目標？（除了技能技巧以外，還需要有精神層面的）
4. 接待過程中不應該發生的問題。（不需要標準的答案，主要展現在「尊重」二字上面）
5. 怎樣留下顧客電話？（問這個問題的時候，要著重看應徵者的反應，是否對要電話排斥，即使有些排斥，但經過培訓是否能夠調整過來。如果調整不過來，即使其他的方面再優秀，我也建議你不要這個銷售人員，因為後面他帶來的負面影響會遠遠超過你的想像）

透過這五個問題，我們就能判斷，眼前這個應徵者，究竟是否適合我們的門市。

第二節　建立制度：服裝儀容很重要

招募成功，這只是萬里長征的第一步。我經常對學員說，找到合適的人才不是結束，讓合適的人才能夠在未來不斷發揮自己的特點和優勢，這才是建立團隊的初衷。

那麼，應該如何做到這一點？唯一的方法就是：建立門市規章制度。沒有規矩不成方圓，給他發揮特長的機會，同時又讓他的行為在你的可控範圍之中，這才能夠發揮人才的最大效益。

家居建材門市本身就屬於服務業，員工的儀表規範顯得至關重要。無論你的店面規模如何，以下這幾條制度都是無論如何必須建立的，同時新人入職第一天，就要開始灌輸的：

第一條 態度規範

1. 態度第一、團結合作，服從上級主管工作安排；
2. 要有團隊精神，同事之間相互尊重、相互團結、相互配合、相互幫助、相互學習；
3. 工作認真負責，忠於職守，講究職業道德，嚴禁洩露公司／商場機密；
4. 定期參加會議／培訓／學習。

第二條 考勤規範

1. 準時上、下班，不遲到、不早退、不無故不到（有工作需要，應主動留下加班）；
2. 請假必須有假單，嚴禁電話請假（週六、週日、元旦嚴禁休假，可節後補假）；
3. 上班須提前 10 分鐘到，做好工作準備。

第三條 準備工作

1. 做好售前的所有準備工具（資料、筆、計算機、捲尺、訂貨／售貨憑證、樣本、市調研究等）；
2. 產品標價應按標準指定位置擺放；
3. 利用每天早會、夕會，沒有顧客時，熟悉和掌握所售商品名稱、型號、規格、價格、功能、材質、保養、陳列、銷售技巧、銷售流程、競爭品牌的優劣勢；同時認真總結、分析、收集潛在客戶數據、競爭品牌的優劣勢。

第四條 環境整潔管理規範

1. 做好展場整潔（地面、招牌、牆壁、天花板、商場門口及附近區域等）；
2. 做好產品、裝裝飾品的整潔（櫃面、檯面、玻璃、抽屜、櫃內、層板、五金、床鋪用品等），所售商品嚴禁存放私人物品；

3. 綠色植物表面保持清潔、翠綠，不留枯枝葉，花盆內無雜物。

第五條 儀容儀表管理規範

1. 經營期間員工統一穿公司制服，並保持清潔平整，衣服口袋裡不許塞得過滿，服裝的鈕扣整齊，無脫落，帽子正戴。
2. 經營期間員工不准穿拖鞋。
3. 經營期間員工指甲要修剪整齊，無汙垢，手上保持乾淨。
4. 經營期間女性員工提倡上淡妝，不准濃妝豔抹，不擦顏色怪異的口紅；男士不准留長鬍鬚、吸菸，要保持個人整潔。
5. 經營場所內嚴禁吸菸、喝酒。

第六條 接待禮儀規範

1. 員工要笑迎八方客，言談舉止文雅大方。對消費者要保持百問不煩、百挑不厭的態度，並作好售前、售中、售後服務。
2. 與顧客談話必須站立，姿勢要端正，直腰挺胸，眼睛看著客人，不准在顧客前面聊天、嬉笑、打鬧。
3. 與顧客談話時，要保持微笑，使用清晰、簡明的語言。做到熱情待客、禮貌服務，主動介紹產品，有問必答。

4. 不得對顧客出言不遜、講髒話，擠眉弄眼議論顧客，不論顧客是否購買產品，都應禮貌相待，不得挖苦，講反話。
5. 對顧客提出的批評或建議，要虛心接受，並致以謝意，不准與客人爭吵、頂撞。

第七條 言語規範

1. 迎客時：「歡迎光臨／您好，需要什麼？」
2. 接受顧客的吩咐時：「聽懂了，看清楚了，請您放心！」
3. 不能立即接待顧客時：「請您稍候／麻煩您等一下／請您稍等一下。」
4. 拿商品給顧客時：「給您，請您看一看／您還需要什麼？」
5. 介紹商品時：「我想，這款比較好，您看呢？」
6. 收貨款時：「謝謝您，一共 XX 元。」
7. 找錢時：「讓您久等了，找您 XX 元。」
8. 當顧客指責找錯錢時：「實在抱歉，我立刻重算一下，請您稍候。」
9. 已確定沒有算錯時：「讓您久等了，剛剛我們算過，收了 XX 元沒有錯，能否請您再查一下？」
10. 找錯錢時：「讓您久等了，實在對不起，是我們算錯了，請您原諒！」
11. 由於失誤表示歉意時：「很抱歉／實在很抱歉。」

12. 當聽不清顧客問話時：「很對不起，我沒聽清楚，請重複一遍好嗎？」
13. 顧客想要換另一種產品時：「沒有問題，請問您要哪種？」
14. 送客時：「再見，歡迎下次再來／請您拿好東西／請您走好。」

第八條 門市考核表

表 3-2 門市考核表

考核內容		滿分	得分
店員素養	是否完成當月目標業績，是否傳播散布不利於企業發展的言論，是否了解公司及公司產品	20	
店面形象	按照公司提供的設計進行裝潢，無改動並保持完好	10	
出勤管理	按照商場或公司規定的作息時間執行	5	
環境整潔	展廳內外保持乾淨且產品擺放整齊，裝飾物無灰塵。店鋪周邊無垃圾、乾淨整潔，櫃臺乾淨清新，地面與牆壁或宣傳立板無髒汙、灰塵	10	
儀容儀表管理	經營期間統一穿戴公司制服、名牌，乾淨且平整，鈕扣無脫落，帽子正戴，不穿拖鞋	5	
	不留長指甲且無汙垢，男士不留長鬍鬚，女士不擦顏色怪異的口紅，不在經營場所吸菸、酗酒	5	
接待管理	使用禮貌語言，態度溫和，不與顧客爭吵，禮貌待人、微笑服務，對顧客的來訪有問必答，顧客評價好	20	
票據管理	定時上報各種報表，並收好所有票據	10	
促銷管理	活動內容必須經行銷部門負責人同意後方可自行實施，不私自印製促銷品	5	
銷售管理	主動介紹公司產品，月銷量穩定上升，產品經營、宣傳效果好	10	
		100	

所有的員工，都要遵循這幾條制度，不能給任何人網開一面。只有這樣，有些落後的員工才能信服你的管理，做到奮起直追；優秀的人會感到跟了一個更加優秀的老闆，對工作更加盡心盡力。

第三節　晨會制度：開始精神飽滿的一天

有時候我的學員會對我抱怨，新入職的員工剛開始工作的幾天很有熱情，但隨後就變得越來越消極怠慢了。我想說的是，人不可能一直保持熱情，所以在對團隊的管理上，要時時對員工進行精神激勵。

如此說來，對你這個老闆而言，每天如何開晨會，如何讓員工每天都有一個精神飽滿的開始，就變得非常重要了。說到這裡，我想和大家一起分享一下我在輔導店家的時候，我們門市是如何做晨會的。

標準晨會目的與要求：

1. 展示公司企業文化以及員工的精神，所以不能躲在店裡開，而要到馬路旁或者大門口去開，達到廣告宣傳的效果。

2. 透過晨會把員工的精神調整到巔峰狀態，所以晨會必須士氣高昂，聲音響亮，動作整齊，讓每個人都有一個快樂的心情。
3. 晨會展現出來的是企業的文化、使命、價值觀，所以針對每個流程、每一句話及每個動作，都要能夠了解為什麼要這樣做，不然的話，晨會就只會流於形式。
4. 晨會同時也是一個集體溝通的機會，店長要將昨天的工作及問題做一個總結，並對今天的工作做整體安排。
5. 晨會時間宜控制在 15 至 30 分鐘為宜。

晨會流程：

A. 整隊

B. 問好

主席：各位親愛的夥伴，大家早上好！

全體：好，很好，我們的未來更美好！耶！（要求整齊劃一，聲音響亮，右手俐落舉出 V 字手勢）

C. 我們的團隊口號

做一個老闆、主管喜歡的人。（管好自己的行為）

做一個客戶喜歡的人。（管好自己的形象）

做一個自己和夥伴喜歡的人。（管好自己的心態和態度）

提升銷售業績，實現自我價值。

百萬年薪不是夢，公司助我促成功！

D. 全員齊跳晨舞

E. 業績評比

主席：下面公布昨天的業績情況，XXX 接待多少客戶，成交 X 位，成交 X 元，其中 XXX 表現凸出是我們昨日銷售冠軍，下面讓我們以熱烈的掌聲有請 XXX 做成功經驗分享……

主席：下面請 XXX 對今天的工作進行安排……

主席：全力以赴，滿懷熱情迎接今天的挑戰！大家有沒有信心？

全體：鼓掌……（講話完畢全體鼓掌，同時講話者歸隊）

F. 承諾

主席：店長伸出右手，全員圍成一圈，左手扶肩，右手相搭，齊呼：「我承諾我要對我自己、對我的公司百分百負責。共同的 XX（公司名），共有的事業。耶！耶！耶！（握拳）」

此外，你在晨會結束前，一定要給團隊打氣，開晨會要把氣勢拿出來。我認為用「瘋狂」來形容晨會是必要的，你的團隊晨會開得夠瘋狂嗎？

第四節　懲罰制度：懲罰態度，而不是過失

我經常對我的學員說，當你成為家居門市老闆的那天起，不管你有多少員工，哪怕是只有一個，你都要明白，這是一個團隊。既然是一個團隊，那就應該有紀律。所謂「沒有規矩不成方圓」，有了規矩才會有約束，你的員工才會知道什麼是該做，什麼是不該做。

所以，身為老闆的你，一定要獎罰分明。如果員工業績出眾，你當然要給予獎勵；若是員工犯錯，你也要拿出老闆應有的威嚴，給予懲罰。私底下，你可以和員工像朋友一樣相處；但在工作上，則要公私分明，賞罰分明。不過這裡所說的懲罰，罰的是態度不良，而不是過失。只有這樣，你才能將你的團隊打造成一支菁英團隊。當然，員工的過失有大有小，因此你在懲罰時就要酌情處理。

如何處罰輕微過錯的員工

假如你的員工犯的錯誤很小，那麼就屬於輕微過失，這時候你的懲罰主要應以口頭批評為主。當然，每個人都是有自尊的，你在批評員工時，一定要注意措辭，要尊重員工的人格。

而關於輕微過失，我列了以下幾個方面：

- 無故遲到。
- 著裝及儀容儀表不符合規定和要求的標準。
- 值班時行為不檢，高聲喧譁、大笑，互相追逐、嬉戲。
- 上班時聊天、看書報雜誌，聽音樂。
- 亂丟垃圾，隨地吐痰。
- 工作粗心大意，工作或服務效率欠佳。
- 不按規定開立銷售訂單。
- 無顧客時，隨意坐臥。
- 有意損壞制服。
- 其他輕微違規行為。

假如員工犯了以上錯誤，都屬於輕微過失。對於初犯者，你可以給予口頭警告，並可以根據情況處以小額罰款；對於第二次有過失的員工，則可以以書面警告的方式給予通知；而若是員工一而再、再而三地犯錯，則應該給予最後警告或立即解僱！

當然，對於安裝技師，我們也要有相應的處罰。安裝技師在作業過程中如果違反商場規定或個人行為道德方面超出規範，將接受商場的口頭、書面警告或辭退，並視情節輕重罰款 100 至 1,000 元。根據過失輕重的分類，相應的處分辦法規定如下：

初次 —— 口頭警告，並根據情況處罰 100 至 1,000 元現金；再次 —— 書面警告；第三次 —— 最後警告或立即解僱。

其中輕微過失包括：

- 無故遲到。
- 著裝及儀容儀表不符合規定和要求的標準。
- 在安裝作業中行為不檢，高聲喧譁、大笑，互相追逐、嬉戲。在安裝作業中亂丟垃圾，隨地吐痰。
- 工作粗心大意，工作或服務效率欠佳。
- 在客戶家中隨意坐臥。
- 客戶對其投訴並確認屬實。
- 在安裝作業中刻意損傷客戶物品。
- 其他違規行為。

如何處罰一般過失的員工

前面我已經說過，對於有輕微過失的員工，你可以給他兩次改過自新的機會，但對於有一般過失的員工，你只需要給他一次改過的機會，若是再犯，即使是直接開除也不為過！那麼，有哪些錯誤是屬於一般過失呢？請看下面：

- 上下班不打卡或請別人代打。
- 無故曠工一天。

- 上班時間私自會友。
- 隨意改寫排班表或通知、工作安排。
- 上班時間打私人電話。
- 上班時間散發酒氣，在門市內吸菸。
- 違反工作操作流程。
- 訂單內容不詳細及撕剪顧客銷售訂單。
- 對客人和同事沒有禮貌。
- 損壞公物，如破壞商品。
- 不配合其他同事的工作。
- 工作不負責任，造成商場損失。
- 上班時間擅自離開或私自外出辦理私事，或值班時間睡覺。
- 拒絕工作或不認真完成主管安排的工作。
- 不服從店長安排。
- 擅自換班，擅自消失，擅自在門市內發放贈品和宣傳品。
- 隨意做出違背商場規定的商品售後服務承諾。
- 未注意安全，引起顧客受傷。
- 與其他同事發生爭執、內部搶單。
- 其他較重違規行為。

看了以上這些一般過失，相信你一定心中有數了吧！若是你的員工有了這些過失，請只給他一次改過的機會。與輕微過錯一樣，這裡的所有懲罰，也適用於安裝技師身上。

如何處罰嚴重過失的員工

說過了輕微過失和一般過失，接下來我再說一下嚴重過失：

- 偷竊行為。
- 發現門市商品遺失、損壞，不報或謊報。
- 偽造、更改帳單、收據。
- 管理人員濫用職權造成不良影響。
- 嚴重失職或嚴重違反安全規則工作。
- 洩露公司的機密資訊。
- 連續曠工三天。
- 有意損壞或教唆他人損壞公司財產，造成嚴重影響與損失。
- 煽動或參加停工、集體告假的行為。
- 對公司的產品、服務等發表虛假或中傷的言論。
- 引導顧客進行場外交易。
- 對上級或同事進行恐嚇或侮辱。
- 觸犯法律和違規處罰條例。
- 其他嚴重違規行為。

如果你的員工有輕微過失和一般過失，你可以選擇原諒，還可以再給他一次改過自新的機會；但一旦你的員工犯了以上這些嚴重過失，那你就不要再想著寬大處理了，最明智的做法就是立即解僱。只有這樣，才能有效避免他以後再給你造成更大的損失。

當然，這裡提及的過失種類僅作為指導性參考，所列條文並非完備，員工如有過失行為而未列入過失種類中，公司有權決定其過失種類，並且有權區別其嚴重程度做出相應處理。總之，身為一個老闆，你一定要在你的團隊中樹立威信，該獎則獎，該罰則罰！

第五節　激勵機制：別老是談錢，感情也是一種投資

激勵就是分配獎賞、分享感情，兩者缺一不可！只是一味地空談感情，開始大家可能感覺不錯，可是你每天都大魚大肉，為你拚命的將士們卻都是小菜兩三道，時間久了，大家就會覺得你很虛偽！即使你真心地付出感情，也是沒有人相信你的，更不要提誰會留下來陪你打江山了。

當然，只談錢也不行，因為人的本性是貪得無厭的。一

開始，你的員工可能會為這一次的獎金而興奮，從而去努力賣命。但是，當這樣的獎金拿了半年以上，就變成習慣，若是哪個月銷售成績不好，沒拿獎金，他就覺得不舒服了。如此一來，工作熱情也沒有了，你的激勵政策對員工也沒多大的效果了。最後的結果就是你的激勵方式失效了。

思維訓練：獵人與獵狗的故事

目標

一條獵狗將兔子趕出了窩，一直追趕牠，追了很久仍沒有捉到。牧羊人看到此種情景，譏笑獵狗說：「你們兩個之間小的反而跑得快得多。」獵狗回答說：「你不知道我們兩個的跑是完全不同的！我僅僅是為了一頓飯而跑，牠卻是為了性命而跑呀！」

動力

這話被獵人聽到了，獵人想：獵狗說得對啊，那我要想得到更多的獵物，得想個好法子。於是，獵人又買來幾條獵狗，只要能夠在打獵中捉到兔子的，就可以得到幾根骨頭，捉不到的就沒有飯吃。這一招果然有用，獵狗們紛紛努力追兔子，因為誰都不願意看著別人有骨頭吃，自己卻沒有。就這樣過了一段時間，問題又出現了。大兔子非常難捉到，小兔子好捉。但捉到大兔子得到的骨頭和捉到小兔子得到的骨頭差不多，獵狗們發現了這個漏洞，專門去捉小兔子。

慢慢地，大家都發現了這個漏洞。獵人對獵狗說：「最近你們捉的兔子越來越小了，為什麼？」獵狗們說：「反正沒有什麼區別，為什麼要花力氣去捉那些大的呢？」

長期的骨頭

獵人經過思考後，決定不將骨頭的數量與是否捉到兔子掛鉤，而是每過一段時間就統計一次獵狗捉到兔子的總重量，按照重量來決定獵狗一段時間內的待遇。於是，獵狗們捉到兔子的數量和重量都增加了。獵人很開心。但是過了一段時間，獵人發現，獵狗們捉兔子的數量又少了，而且越有經驗的獵狗，捉兔子的數量下降得就越厲害。於是獵人又去問獵狗。

獵狗說：「我們把最好的時間都奉獻給了您，主人，但是我們隨著時間的推移會老化。當我們捉不到兔子的時候，您還會給我們骨頭吃嗎？」

骨頭與肉兼而有之

獵人做了論功行賞的決定，分析與彙總了所有獵狗捉到兔子的數量與重量，規定如果捉到的兔子超過了一定的數量後，即使捉不到兔子，每頓飯也可以得到一定數量的骨頭。

獵狗們都很高興，大家都努力去達到獵人規定的數量。

一段時間過後，終於有一些獵狗達到了獵人規定的數量。這時，其中一隻獵狗說：「我們這麼努力，只得到幾根骨頭，而我們捉的獵物遠遠超過了這幾根骨頭。我們為什麼不能給自己捉兔子呢？」於是，有些獵狗離開了獵人，自己捉兔子去了。

後起之秀

離開獵人的獵狗自己成立一個公司，是一家合夥公司。開始公司很小，抓到兔子的數量很少，除了自己吃以外，剩餘的數量已經不多，但經過了幾年的累積，成果還是很不錯的。於是獵狗們開始召集更多的獵狗為其工作，牠們也採用獵人的方式對付獵狗，但有一點不同的就是，獵狗比獵人更清楚牠們想要什麼。這下獵狗又找到了獵人，把兔子以低廉的價格賣給了獵人，同時自己也在籌劃著，如何開一家兔子專賣店。

讀了以上這個故事，各位老闆分析一下你自己吧。你是哪種角色呢？你又該如何掌控你現有門市的所有人際關係呢？

獵人要學會激勵，才能控制好獵狗！身為老闆的你也一樣，你要像獵人一樣學會激勵，銷售人員才會賣命地幫你賺錢！

巧妙運用各種激勵模式

雖然你是老闆，雖然你的員工都是在為你工作，但如果你只是將員工當成自己的賺錢工具，對員工呼來喝去，那很難想像員工會把門市的利益放在第一位。

在我服務的一家門市中，老闆的女兒和店長的女兒在同一家幼稚園讀書，有時候老闆接孩子放學會順道把店長的孩子一起接回來，對店長的孩子像對自己的孩子一樣，工作之餘也會關心孩子的生活學習。就這樣舉手之勞的小事情，卻讓他的店長甘心放棄自己的創業計畫，全力以赴致力該門市的發展。

由此可見，這位老闆對員工的激勵方式是生活關懷。如果你希望你的員工能用心為你工作，能努力為你賺錢，那麼你不妨採用工作輔導和生活關懷這兩種方式來激勵你的員工。

1. 工作輔導

作為家居門市的經營者，對於家具產業的了解、對於產品的熟悉、對於人員的管理能力等，都需要有更全面的掌握。因為只有這樣，你才能對員工的日常工作技能及工作細節給予正確指導。

2. 生活關懷

你是家居門市的老闆，你是一個團隊的領導者，因此你需要對自己團隊成員的穩定性給予保障。也就是說，在經濟的保障之下，對成員生活中關心與幫助是必不可少的。要知道，一個員工的穩定性不只取決於他自己的想法，如果你能夠取得他家人的信任，那麼員工的穩定性會倍增。

當然，除此以外，你還需要用培訓、發展來打造人才，用制度來規範員工。

員工在工作的過程中更關心兩點：一是經濟，二是學習與發展。不要擔心培訓過後員工會離開，而是要讓員工在你這裡能學到別人那裡學不到的東西。如果你用心去培養你的員工，他們一定會很願意留下並努力工作的。培訓又可分為技能培訓和素養培訓兩大類。

A. 技能類培訓：

產品知識、銷售賣點、接待流程、銷售話術等都服務於銷售本身，能提升銷售人員的作戰能力，在實際上解決了員工的經濟問題。

B. 素養類培訓：

團隊建立、個人素養打造、個人職業規劃，此類培訓對於員工精神上的薰陶以及感染是很強烈的。員工除了每個月得到自己的薪資以外，更看重的是自己未來的發展。作為企業的領導者，勾勒員工的職業前景是不可避免的。

說完了對員工的培訓，我再來說一下用制度來規範員工的重要性。

我想請你回顧一下：在你的門市中，是不是有很多人無視你制定的制度？那麼無視制度的原因又是什麼？其實就是因為制度沒有規範好，作為老闆，你最先要做的就是以身作則，先規範自己的行為。

如果你要求員工上班需要穿制服，你自己上班卻穿個拖鞋，你覺得合適嗎？你必須要明確一點，你是制度的制定者，也是執行者，但往往破壞制度的就是制度的制定者！所以，身為老闆的你，一定要帶頭，給大家樹立一個好的榜樣。

別讓「害群之馬」影響團隊的士氣

常言道：近朱者赤，近墨者黑。如果你的門市中，有員工平時工作總是不積極，甚至接二連三地犯錯，或者是業績很差，那麼你就真的沒必要再心慈手軟地留下此人了。因為你沒有必要養一個閒人，或者是無用的人，當然，更沒有必要去養一個「害群之馬」。

具體來說，有以下這些性格的人，都可以稱作是「害群之馬」：

孤獨自處者：不能與好人接近，又不能與壞人疏遠的人，必會與好人遠離，被壞人同化，其結果是很危險的。

爭強好勝者：經常理屈詞窮卻還以為尚有妙語，無論誰的批評都聽不進去，看上去好像是自己有理而不願屈服。

好高騖遠者：精深的事不會做，而出力的事情又不願做。

你的所有員工是一個團隊，是一個整體，每個人都會對團隊的其他人產生影響。如果有一個人是「害群之馬」，那麼就會影響整個團隊的士氣。而對於這樣的人，你當然是越早辭退越好。越早辭退，你的損失會越小。

第六節　薪資制度：底薪＋抽成＋額外獎勵

人為什麼要工作？千萬不要和我說是為了理想，為了實現自己的價值之類的空話。當然，也有這樣的人。但實際上，千千萬萬的人之所以要工作，還是為了生存。

既然工作是為了生存，是為了讓自己過得更好，那麼員工最在乎的一定是薪資的高低！而這個問題也同樣困擾著很多家居門市的老闆，很多老闆不知道該給員工開多少薪資。若是開得高，利潤就降低；若是開得低，員工又有怨言，不會用心工作。

記好，他們只為薪水工作

每個人都是在為薪水而工作，作為老闆的你必須明白這一點！而關於這一點，我想以我的親身經歷和大家一起分享一下：

2008 年的時候，我去某地出差，該地區主要街道就一條，大概花 30 至 40 分鐘就可以走完。當地有一家門市，整個門市有 300 坪，是當地最大的家具賣場，全場總共有兩個銷售人員。

我問老闆為什麼只有兩個人呢。老闆說生意不好，不能請那麼多人。我說明天我來培訓你們，他說明天不行，有個銷售人員請假。說真的，我當時很生氣，但我壓抑著內心的火氣，對他說：「我在你的門市待一天，你有事情就忙你的吧！」

老闆走了。我在店裡沒幾分鐘就和銷售人員打開了話匣子。我問她們，一個月能賺多少錢。

「底薪 2 萬外加業績獎金。」

「業績抽成多少？」

「千分之二。」

當聽到她們這樣的回答後，我震驚了，她們工作了一個月下來，就 3 萬元，這樣的薪資能有吸引力嗎？

她們對我說：「老師你不用給我們培訓了，我們兩個都要辭職了，這個月做完就走了。」

我走出了門市，叫了一輛計程車，讓司機載我到附近轉轉。他把我載到了當地一個住宅區，他說這是我們這裡最好的住宅區。我聽到了裝潢的聲音。我在裡面走著，沒有看到任何有關我們家具店的廣告。我粗略數了一下，一共有 5、6 家在裝潢。

晚上我連繫了該品牌總部，把我了解的情況說給他聽。他說當地的薪資都是這麼給的。這裡的人都太懶了，不願意出去跑，把他們逼急了他們就辭職。

事實上，這家門市是有可能做起來的，因為它已經是當地最大的品牌家具店了。可是由於管理上的問題，才沒有將這個本應該賺錢的店發展起來。

由此可見，薪資的多少直接關係到員工工作時是否積極。這時候，或許有些老闆就會問，那我應該如何規定員工的薪資呢？別急，接下來我便給你答案！

薪資制度制定的基本原則

如果你想知道應該給員工開多少薪資，那麼你首先要明白薪資制度制定的基本原則。其實給員工的薪資當然是越多越好，但除了薪資以外，你還要考慮福利政策是否合理。關於這個問題，下面我給大家幾點參考意見。

1. 參照整體水準

要參照目前在職員工的薪資福利，避免差距太大或太小。新進的人員起薪太高，會造成其在今後的工作中容易產生不滿足感，而且也容易使在職的其他人員心理不平衡，從而影響工作熱情和積極性。而起薪太低，也無法留住優秀的人才。

2. 靈活制定方法

在你初步確定薪資整體水準後，還要把員工應該承擔的職責納入薪資獎金中。薪資制度要展現出吸引力、激勵性、相對穩定性、公平性、可操作性。一般來講，薪資制度有以下幾種：

- 固定薪水制；
- 薪水＋傭金；
- 薪水＋獎金；
- 薪水＋獎金＋傭金制。

這幾種方法各有利弊，建議實行薪水＋獎金制，這樣既可以保持一定程度的穩定性，又有一定的靈活性，一般 70% ＋ 30% 比例較為合適。

3. 參照市場行情

薪資福利的總額要參照當地同產業人才市場薪資水準，最好能夠稍高於競爭對手。

4. 健全福利政策

由於目前招募銷售人員的門市越來越多，勞健保必須要保，且不能納入薪資裡面。

這四條，是薪水制度的基本制定規則。此外，還要注意以下幾條內容，全面保證薪水制度不會產生偏差：

A. 群策群力：讓員工參與設計與推動薪資方案的實施。

B. 不斷翻新：不斷翻新薪資支付的手段與方式，不斷帶給員工驚喜。

C. 配合員工的喜好；符合員工的心理需要，看員工希望拿多少薪資。

D. 吻合理念：薪資支付的方式應該與公司的經營理念相吻合。

只要結合以上薪水的祕訣，在實踐中靈活運用，給員工定一個合理、合規的薪資標準就不會產生困難。

建立全新的薪水結構體系

現代的家具門市中，常見的薪資結構都非常簡單：底薪加傭金。我問老闆們為什麼，他們給我的回答是：這樣計算起來簡單。可是，各位老闆，你們覺得薪資的目的是簡單，是方便嗎？當然不是。其實薪資結構的是為了讓員工工作起來更有熱情，更好地為你創造經濟價值。

在你明白了這一點後，我在這裡介紹一種薪資結構的計算方式作為參考。

1. 基本底薪

基本底薪作為銷售人員的基本薪資，但建議基本薪資要高於當地的基本薪資水準 20%。這樣你才能有選擇性，才能招募到更好的人才。其中包含基本的業績目標，未完成則降低薪資的 20%。另外，還可以有出勤薪資、獎勵薪資等。

2. 抽成薪資

抽成薪資包含正價品抽成、特價品抽成。當然，正價品抽成要高於特價品抽成。

3. 單品獎勵抽成

臨時性單品獎勵抽成，根據庫存裡的貨品進行獎勵，根據利潤高的產品進行獎勵。

4. 底線折扣抽成

按照 7：3 的比例進行分配。最低折扣 7.5 折，銷售人員銷售的時候以 7.8 折銷售的，其中多出的 0.3 個百分點如果是 1,000 元的話，銷售人員額外拿到 300 元的抽成；若以 7.5 折銷售出去的，則沒有這部分抽成，原有的銷售抽成不變。

5. 大宗客戶的獎勵

若是接到大公司案子，裝潢率高，就必須設定本月基礎銷售目標。完成基礎銷售目標後，超額的部分另有獎金，原有銷售抽成不變。

當然，我在這裡只是給各位老闆提供一個思維模式，而在設定薪資的時候，還必須依照自己的毛利進行，以避免虧損。這就要求身為老闆的你，一定要會算帳。別怕銷售人員的薪資高，要知道，他們是在幫你賺錢，他們賺得多，你賺得才會更多。

第四章
資金流的運用，降低門市成本

作為一名家居建材門市的老闆，你一定要明白開源節流的道理。所謂開源節流，即是指增加收入，節省開支。尤其是對於一個剛剛起步的家居門市來說，前期的投資成本應該越低越好，這便是「節流」。所以，我想告誡你的是：要充分利用資金，把成本降到最低，要讓每一分錢都花在刀口上。只有這樣，才是真正的經商之道！

第一節　利用感情攻勢，降低店面費用

對於一個家居建材門市來說，店面租金可能是前期投資中開銷最大的一部分。那麼，既然要「節流」，那就首先必須要讓店面的租金降低。

其實關於降低店面租金這一點，大多數人都懂。而大多數人不懂的是，如何把店面租金砍到最低。不過不用擔心，在這裡我將教各位老闆幾招，只要你學會了，便能省下很大一筆資金。

1. 把自己變為弱者

通常來說，弱者都能激起人們的同情心，因此在與對方殺價時，盡量表現出自己較弱的一面，比如開店經驗不足、資金上暫時還有些困難等。這些行為能夠喚起對方的同情心，因此一般房東都會接受這樣的殺價。

2. 以感情發動心理戰

如果對方與你的友人相識，或者在聊天中發現雙方有共同的興趣愛好，那麼，這就可以當作切入點。這麼做的好處是：在不經意的交談中，拉近了彼此的距離，使對方產生親近感。一旦對方感到與你之間並不是普通的商業交易關係時，也就不會過於在意價格的高低了。

3. 以「市場疲軟」為由

與對方談價格時，創業者如果能夠列舉幾條「市場疲軟」的表現，那麼對方自然會有所心動。同時，創業者可以進一步說明自己在租了店面後所賺的僅僅是「微利」，難以負擔較高的租金。這樣一來，對方勢必會心軟，租金自然會有所下降。

4. 勸導說服

在談判之前，創業者需要非常了解自身的各種情況，這樣對於殺價就會有很大的幫助。例如，把開店成本逐一告訴對方，使其明白「原來事情是這樣的」，並產生「原來這種價格我也不吃虧」、「別人也是這麼做的」等平衡感。如此，再說出自己較低的價格，那麼對方就比較容易接受。

5. 挑剔弱點

在面對房東時，可以表現自己對這個店面並不滿意，只是來考察的樣子，但對房東要表現出欣賞的態度。房東為了出租，就不會將價格定得過高。這樣既可以避免房東報高價，又贏得了房東的好感，為以後的殺價鋪好後路。一個成功的承租人，要讓房東從交易開始直到出價時，一直猶豫能否達成交易。當然，挑剔房東弱點時，創業者需要注意說話的分寸，切不可引起房東反感。

6. 表現自身優勢

如果你能表現出自己坦誠、可信的一面，並讓對方認同，那麼即使是低價格，對方也會認為「值得」。

7. 以給乾股的形式殺價

所謂乾股，就是在不必讓對方投資的情況下而給予其一定的股份，讓其參與分紅。這是一種殺低租金價格的好方法，在絕大多數情況下都會被對方接受。

如果你留心的話，會發現以上這些方法大多是在打感情牌，也就是說在走攻心的路線。總之，不管你用什麼方法，出什麼招，只要能最大幅度地降低門市租金，你就是勝利者！

第二節　選擇適合你的客戶族群的裝潢

顧客一走進店裡，整個門市的裝潢、品味、布局等就會在顧客心中形成第一印象。當然，或許不必我多說，身為家居建材門市老闆的你，也深諳這個道理，因此，在門市的硬體設備方面，你從不吝嗇自己的腰包。然而，我想對你說的卻是，如果你想節省開支，那麼就必須控制硬體設備的資金投入。你要明白其實門市的裝潢並不是越貴越好，而是只要醒目、實用、大方，適合你的客戶族群就好！

1. 招牌

招牌的亮度與色調是促使顧客入店的主要原因。因此，你的門市招牌在設計與裝置時，只要做到足夠醒目，並令人看了舒服就好。

2. 管路

在店內的所有工程中，最為複雜、工程品質要求最高的就是水電。在施工期間，從配線、拉管到裝配電箱，從送電照明、給水與排水到消防安全，所有過程和材料的品質皆需嚴格要求，這樣整個店才能達到安全、美觀、實用的標準。

3. 風格

以目前的市場來說，門市的賣場面積至少要達到 100 坪以上，才能滿足消費者購買商品的需求。在裝潢設計風格方面，身為老闆的你最先考慮的是定位及主要客層。當然，在此基礎上，店內的裝潢色調也必須滿足顧客的心理。

4. 收銀機

一般一家店需要購買兩臺，以備其中一臺故障時，另一臺還可以運作。

以上是硬體及設備的投資專案。另外，還有一些專案並未包括在內，例如貼地磚、拆除牆壁、裝落地門窗等。除了上述涉及的設備外，家居門市老闆另外增加其他設備，則費用要再計算。

5. 冷氣

冷氣使顧客進入店內後，可以享受清涼的感覺，促使顧客在店內停留較長的時間，購買較多的商品。目前商店使用的冷氣有懸吊式和直立式兩種。懸吊式冷氣的優點是不占空間，使店內貨架增加，可陳列的商品增多，營業額隨之會提升；缺點是冷度較差，價格偏高。直立式冷氣的優點為冷度較強、價格較便宜；缺點是占空間。如果店內面積不大，就會影響商品陳列，妨礙營業額的提升。

以上這些硬體設備及店內裝潢，都是身為家居門市老闆的你應該考慮在內的。對於這類硬體設備，初開門市的你應多看多問，不要被黑心的商家矇騙。否則，在這方面將流失不少額外的資金。

此外，我還想提出以下幾點建議，也許對降低成本會有作用：

可用二手設備

一般來說，除非該設備對於店面營運非常重要，且使用頻率相當高，否則就可以使用二手或替代品，或初期先以租賃方式承租。這樣能降低門市初期的營運負擔。如一臺新的傳真機可能需 10,000 元，但二手的只需 4,000 多元，頗值得考慮。

節省用料費用

在整體裝潢預算中，通常材料費占 30%，設計師的設計費占 10%，工人薪資約占 60%。由此可見，裝潢實體花銷最大的一部分在於用料，盡量減少大方面改建或避免使用名牌建材，能最大幅度降低裝潢費用。

切勿「乾坤大挪移」

創業者盡量不要對空間進行「乾坤大挪移」，特別要避免拆牆、補牆等工程，因為一牽涉到水泥，後續的地磚、牆面、油漆、瓷磚修補等將牽一髮而動全身，價格自然也跟著水漲船高。

盡量使用非名牌的同等級材料

建材上也應有所注意，盡量使用非名牌的同等級材料，如此價格往往可省下一大截，卻同樣有不錯的裝潢視覺效果。

第三節　商品採購：根據需求採購，善加利用暢銷品

有很多因素都能影響家居門市發展的好壞，而在所有因素中，商品採購對店面發展的影響尤其大。特別是對於一些投資成本比較低的店面來說，如果能夠按需求採購，勤進暢銷品，那麼店面的利潤就會大大增加。這也就是所謂的開小店賺大錢。

事實上，不管你的門市是大是小，商品採購在門市的發展中都不可忽視，真正會做生意的老闆，最懂得成功採購的藝術。以我多年的經驗看，創業者在採購時，需要遵循以下幾個原則：

1.「五不進一退貨」原則

「五不進一退貨」原則能夠保障顧客的權益不受損失，所謂「五不」包括以下幾點：

1. 無廠名、無廠址、無保固期的「三無」商品不進；
2. 商品流向不對的不進；
3. 不是優質商品不進；
4. 無生產許可證、無產品合格證、無產品檢驗證的「三無」商品不進；
5. 假冒偽劣商品不進。

所謂「一退」是指購進商品與樣品不符合的堅決退貨。

2. 遵守合約

即採購商品時，要以經濟合約的形式與供貨商之間確定買賣關係，保證買賣雙方的利益不受損害，並使零售店面的經營能夠正常進行。

商家在採購過程中要信守合約，確保合約的嚴肅性、合法性、有效性，要發揮合約在經營中的作用，樹立良好的店面形象，將門市與各相關團體間的關係協調好，從而使店面銷售更為順利。

在制定採購合約時，必須確保其有效性和合法性，使採購合約真正成為零售店面正常運轉的保護傘。

3. 以需定進

以需定進指的是根據市場的需求來決定採購量，保證購進的商品符合顧客需求，能夠快速銷售出去。它能使門市避免盲目採購，從而擴大商品銷售量。要知道，對家居建材門市來說，絕不是買進什麼商品就可以賣出什麼商品，而是市場需要什麼商品，才買進何種商品。所以以需定進的原則又稱之為「以銷定進」，也即賣什麼就進什麼，賣多少就進多少，完全由銷售情況來決定。

店面銷售人員為讓貨物及時流通，擴大商品品項，就必須廣開採購通路，建立固定的採購通路和通路業務關係，這有利於互相支持和信賴。由於彼此了解情況，更符合採購要求，同時能夠減少人員採購，節約費用。

此外，堅持以需定進原則時，還要對不同商品採取不同採購策略：

1. 對銷售量一直比較穩定、受外界環境因素干擾較小的家居建材商品，可以以銷定進，銷多少買多少，銷什麼買什麼。
2. 對季節性商品要先進行預測，再決定採購數量，以防止過期造成積壓滯銷。
3. 對新上市商品需要進行市場需求調查，然後決定進貨量。銷售時，商店可採取適當廣告宣傳引導和刺激顧客消費。

4. 勤進暢銷

勤進暢銷是加快資金週轉、避免商品積壓的先決條件，也是促進經營發展的必要措施。由於家居建材門市的規模有一定限制，週轉資金也有限，且商品儲存條件較差，所以為了擴大經營品項，就要壓縮每種商品的進貨量，盡量增加品項，從而以勤進促暢銷，以暢銷促勤進，加速商品週轉，將生意做活。當然，也不是採購越勤越好，這需要考慮店面的條件及商品的特點、貨源狀態、採購方式等多種因素。

俗話說，「採購好商品等於賣出一半」，所以在商品採購時一定要遵循商品採購原則。只有這樣，你門市的生意才會興旺。

第四節　小本經營，壓縮營運成本

在計算成本時，店面租金、硬體設備及裝潢的資金估算一般情況下不會產生過大的偏差。然而，還有一類資金容易造成遺漏，那就是營運成本。要知道，小本經營的資金畢竟有限，如果你不能夠有效壓縮營運成本的話，必定會增加你的負擔。

因此，我想提醒各位老闆一點的就是：合理規劃營運資金，才是你的門市資金規劃的重中之重。當然，這種精打細算並不是斤斤計較，而是要把每一分錢都花在刀口上。如果你能提前做好預算，在每一個環節都節省開支，將會為你的成功創業增加更多籌碼。

如果你想壓縮營運成本，首先就必須明白家居建材門市的日常費用支出有哪些。只有了解這一點，你才能提前有一個合理的預算。

1. 固定費用

這部分包括了薪水、津貼、加班費、資金、福利金等，創業者需要在門市準備期便進行分配。

2. 維持費用

這部分主要是水電費、事務費、雜項費等，當創業者確定了店址時，對於維持費用就要開始考慮，比如了解水電費的價格、門市所在地的清潔費用等。

3. 設備費用

裝潢費、設備折舊、保險費、租金等。

4. 變動費用

變動費用最容易讓門市創業者遺忘，它包括維修費、廣告宣傳費、包裝費、盤損、營業稅等，門市創業者必須對這些進行一個詳細的羅列，這樣才能在遇到情況時不會手足無措。

了解了家居建材門市的日常費用支出有哪些後，接下來要做的就是壓縮營運資金了。

營運資金可以說是門市投資中最為隱蔽、同時開銷最大的一部分。如果想要盡量減少投資，那就必須學會壓縮營運資金。經過我的分析，一個家居建材門市要想良性發展，那麼就要盡可能做到以下三點：

A. 固定費用占總費用的比例應為 85%；

B. 維持費用、設備費用占銷售總額的比例應為 18% 以內；

C. 變動費用占總費用的比例應為 15%。

除了這三點外，還要做好以下兩點：

第一，合理規劃人力成本。

合理規劃人力成本，也就是要最大幅度地提高人力資源的利用率。對於一個家居建材門市，尤其是剛剛開業的家居建材門市來說，不可能有系統而全面的人力資源配置，這個時候就需要合理規劃人力成本了。

公司的普通員工和你這個老闆不一樣。你可以為了自己這份事業身兼數職，兢兢業業，但你的員工就不一定了。雖然他們也是公司的一員，但是老闆不可能要求其付出更多，除非他們自己願意，所以這個時候就需要一些技巧了。比如，1.5 個人力的工作，要是僱兩個人的話，肯定不划算，一個人的話在規定時間裡又做不完。那就透過外包的方式，優先讓門市員工加班賺收入，不行的話就找兼職工作。人力資源調配好了，營運成本自然就降低了。

第二，養成節儉的習慣。

如果你想壓縮營運成本，應該養成節儉的習慣，尤其是要杜絕鋪張浪費的現象。要知道，節儉是一種永遠不會過時的美德。尤其是在經濟不太寬裕的時候，將省下來的錢用到最需要的地方，你門市的發展就會越來越好。所以，不管你的門市是大是小，作為老闆的你，都應該養成節儉的好習慣。

如果以上這些環節，你都能夠做得很好的話，那麼你才是真正做到了「節流」，真正做到了壓縮營運成本。而一旦你把營運成本最大幅度地降低了，你門市的利潤自然就會增加。

第五節　廣告投入：選擇一個宣傳重點

曾經有老闆這樣問過我：「我知道我的廣告費至少浪費了一半以上，但我不知道究竟浪費在哪裡。」這就是由於廣告投放不當而造成巨大浪費的問題。事實上，這個問題也困擾了很多老闆。

那麼，廣告投放如何做，才能使門市的每一分錢都發揮效用呢？

我們都知道，家居建材門市做廣告得找廣告平臺，然而，該找什麼樣的平臺才能發揮更大的作用，卻有很大的學問。一般來說，家居建材門市做廣告，應要結合當前與長遠的發展策略目標做出決定。

據我所知，一些家居建材門市在投放廣告時，喜歡狂轟亂放或漫天撒網，即透過電視、報紙、網際網路等多種媒介對同一則廣告密集投放，企圖達到「1＋1＋1＞3」的效果。然而，是不是廣告投放選擇的平臺越多、投放的頻率越多，廣告效果就與投入的費用成正比呢？答案是未必。

其實投放廣告，最好的效果並不是鋪天蓋地。因為即使你花費了大量的金錢，在很多平臺都投放了廣告，但你的有效受眾卻並不一定會多。什麼是有效受眾呢？有效受眾是指在媒介的所有受眾中，對自己廣告訴求內容比較關注和敏感的人群。在媒介的總受眾人群裡，特定的廣告針對特定的人群進行訴求，而這些人群只占總體受眾的一部分，這才是有效受眾。一些家居建材門市的廣告之所以收效甚微，就是沒有找到自己的目標受眾。

但是，很多老闆都會陷入這樣一個失誤，往往在做電視廣告的時候，還要做其他各種類型的廣告，以為只有這樣，才能讓更多的人看到你的廣告，並使得全部的人都能對你的門市有很深的印象。如此一來，一旦人們需要買家具，腦海中第一個想到的便是你的門市。

這樣的想法本也無可厚非，前提是你的資金足夠多。事實上，不管是電視廣告，還是報紙廣告，抑或是戶外廣告，當你在進行重點組合時，一定要根據自己的實際情況來定。除此之外，還要有全面撒網、重點培養的覺悟，一定要選擇平臺其中之一為重點，再輔以其他手段，才能真正把每分錢都花在刀口上。例如，你的預算只有 10 萬元，那麼全方位投放，顯然是不現實的。這個時候，我們不妨採取重點攻擊的策略：在某個節假日，進行大型活動推廣會。而在這個活動之前的兩週，用 2 萬元在電視臺做廣告，然後用 7,000 元做戶外廣告，再用 3,000 元去做宣傳單派發。這樣，我們就能用有限的資金將品牌傳播出去。切記，投放是需要有重點的，而不是「公平主義」。例如針對年輕夫妻的家居產品，不妨在網路上多投放，這樣才能達到事半功倍的效果。還有大家現在常用的百貨公司駐點的方式和看板廣告植入的方式都能有很好的成效。

當然，以上只是我舉的一個例子。總體來說，如果要帶動消費，就應考慮選擇目標市場的大眾媒介，比如當地強勢的電視、報紙。在確定了使用哪種廣告媒介這個大方向後，要對同一類別的所有媒介進行評估，詳細參考指標有：發行量、受眾總量、有效受眾、受眾特徵、媒介本身的地域特徵、廣告的單位成本、廣告的時段等等。這裡著重對有效受眾、廣告的單位成本和廣告時段進行分析。對這些方面都進行全面的分析後，你就可以確定哪一個大眾媒介能作為你的廣告投放平臺了。

總之，你的有效受眾在哪裡，你的廣告就應該出現在哪裡。要有的放矢，有選擇性、有重點地投放廣告才是真理。

第五章
倉庫選址與管理

我常常對我的學員們說：做生意就像蓋房子，只有打好了地基，房子才能建得又高又穩固。因此，在創業初始，你就要做好各種工作，這其中不僅包括優質的服務，更包括良好的倉庫管理。倉庫的性質就如同出納：一是管錢，一是管物。倉庫作為一個門市的貨品集散地，作用重大。可以毫不誇張地說，倉庫就是你的門市工作得以正常運行的加油站和蓄水池。

第一節　選個好地點：合理規劃倉庫規模

一般而言，在創業的時候不管是開什麼店，店址的選擇都至關重要。事實上，除此以外，倉庫的選址同樣也很重要。根據我多年的經驗和調查研究，家居建材門市的倉庫必須要精確選址，合理規劃好倉庫規模。

當然，門市選址和倉庫選址是有很大區別的。簡單來說，門市的選址必須在精華地段，客流量必須要多；而倉庫的選址則一般在比較偏僻的地方，因為偏僻的地段租金低。除了賣場以外，對於倉庫的選擇也是有要求的。那麼，在進行家居建材門市的倉庫選址時，應該考慮哪些因素呢？

1. 租金價格

在倉庫選擇的時候首先要考慮租金價格。要知道，家居建材的倉庫比較占地方，如果租金高的話，就會增加投資成本，那麼所得利潤就會降低。所以，倉庫的租金價格最好控制在每坪 1,000 元以內，不可太高。

2. 到家居建材門市的距離

我們都知道，家居建材類商品的運輸成本很高，所以，倉庫離家居建材門市的距離一定不能太遠。如果兩者之間的距離太遠的話，不僅門市的營運成本會增加，而且也不利於在緊急情況下的調貨。因此，倉庫的地點最好以門市為中心，在 3 公里半徑的範圍內，可方便物流。此外，最好選擇在一樓，這樣可以降低搬運成本。

3. 安全問題

俗話說：安全無小事！安全問題是一切工作的基礎。對個人而言，安全就是生命；對一個門市而言，安全就是效益。因此，在倉庫選址時，一定要考慮到倉庫的安全問題，要做到既能有效地防火、防盜，又要能有效地防破壞、防潮溼等。

以上這三點便是倉庫選址的要求。當倉庫的地址確定以後，接下來要做的就是合理規劃好倉庫的規模。而倉庫的規模則與庫存數量有關。如果庫存量大，那倉庫規模也要相應增大。所以，庫存數量要分配合理，不能全部銷完後，再向廠商訂貨。如果你急需貨品時，廠商卻沒貨了，那麼就會影響你的門市整體的銷售情況，豈不是得不償失了！

一般情況下，300 坪的賣場要在倉庫中備貨 100 萬至 150 萬元的存量。銷售時要與倉庫裡的產品配合銷售，特別是在制定單品獎勵方案後，要避免出現缺貨的情況。如果你想避免缺貨的糟糕狀況，那麼就可以在銷售後，少量地讓廠商發貨，這樣做可以保持整個門市生意的正常運轉。

綜上所述，倉庫的建立與選址，一定不可以掉以輕心。要知道，只有做好這些工作，才能讓整個家居建材門市的生意正常運轉下去。

第二節　倉庫存貨：講究堆放高度

當你把倉庫按照要求建立好後，千萬不要覺得就可以萬事大吉了。因為建立倉庫是為了存貨，那麼，關於倉庫存貨的基本原則你又了解嗎？要知道，倉庫存貨也是有講究的。

1. 倉庫區域劃分

如果你想要做好倉庫管理，那麼在倉庫存貨時，首先就要做好倉庫區域劃分。只有劃分好倉庫區域，在物品進出庫時才能做到井井有條。

我在輔導店家時，對於倉庫的區域劃分也頗有心得，在此和大家分享：

1. 根據實際情況將倉庫劃為硬體存放區和軟體存放區；
2. 硬體存放區，可細分為房間儲存區，餐廳、客廳存放區，小物件儲存區；
3. 按照產品系列、型號等要求建立庫存報表。

2. 倉庫堆放原則

對倉庫做好區域劃分後，接下來要做的就是擺放物品時要遵循的原則：

1. 需長時間堆放的產品要放置在木棧板上，防止產品受潮。
2. 產品必須堆放在棧板內 5 公分左右，防止在出、入庫操作中將產品損壞。
3. 倉庫應根據商品面積及存放特點確定每種商品的存貨位置，並在貨架上標注大類標示牌。
4. 存貨商品必須與標示牌上所示的商品大類一致。
5. 存貨應確保「同類商品縱向擺放」，即保持每列內外商品一致，一列擺滿另起一列。單品存貨量不夠擺滿另一列，則應放置最裡面，所剩位置可擺放其他商品，但不可遮住裡面的商品。
6. 同類商品，存貨量大的擺放在倉庫靠裡面的地方，存貨量小的擺放在倉庫靠外面的地方。
7. 商品擺放不得堵塞通道，需退、換、送的商品應單獨歸類封箱放置。
8. 暫存在理貨區和週轉倉的商品必須放在墊板上，堆放整齊。

3. 產品堆放高度規定

事實上，在進行倉庫存貨時，物品堆放高度也是有講究的：

1. 玻璃產品堆放高度不得超過 2 公尺；
2. 床頭堆放高度不得超過 2.5 公尺；
3. 整體餐椅堆放高度不得超過 5 層；
4. 其他板式家具堆放高度不得超過 3 公尺。

在倉庫存貨的一切工作都做好之後，接下來要做的就是做好倉庫管理了。這個時候，或許有人會問，我怎樣才能知道自己的倉庫管理工作做得好不好呢？倉庫管理有沒有什麼標準可以參照？當然，以下便是倉庫管理的 5 個標準。

- 清潔：指環境潔淨制定標準，形成制度；
- 整理：指區分物品的用途，清除多餘的東西；
- 整頓：指物品分槽放置，明確標示，方便取用；
- 清掃：指清除垃圾和汙穢，防止汙染；
- 素養：指養成良好習慣，提升人格修養。

總之，倉庫存貨必須要謹慎、認真地對待，一定要特別注意這些細節，否則，難免會對你的家居建材門市造成不必要的損失。

第三節　倉庫管理：安全放在第一位

倉庫主要承擔著家居建材商品的保管工作，是整個家居建材門市正常運轉的重要組成部分。因此，倉庫的安全管理問題就顯得特別重要。所謂倉庫安全管理，就是針對物品在倉儲環節對倉庫建築要求、照明要求、物品擺放要求、消防要求、收發要求、事故應急救援要求等綜合性的管理措施。而其中的關鍵環節就是要及時發現並消除庫內各種危險隱患，從而有效防止災害事故的發生，保護倉庫中人、財、物的安全。

1. 防雨、防潮

1. 倉庫應選址在地勢稍高、乾燥、排水較好的地方；
2. 倉庫存貨區應鋪上木棧板，防止產品受潮；
3. 靠牆壁產品需離牆 50 公分堆放；
4. 倉庫若有窗戶，在無人的時候，應該保持關閉狀態；
5. 應定期檢查倉庫是否有漏水現象，確保安全；
6. 倉庫的防洪工作，特別是雨季；倉庫的屋頂、雨水槽、下水道、地面潮溼度的觀察。

2. 防火

1. 應定期檢查倉庫內的電線，確保無漏電現象；
2. 庫區內嚴禁使用大功率電器；
3. 庫區內嚴禁吸菸，嚴禁將其他火種帶入倉庫；
4. 電源、電路的定期檢查；
5. 庫內物品不准堆放在電器開關附近或壓在電線上；
6. 在庫區顯眼的位置張貼「嚴禁煙火」標誌；
7. 每月檢查各消防栓是否正常供水，每週檢查滅火器是否能正常使用，每天檢查消防通道是否暢通。

3. 防盜

1. 非倉庫工作人員嚴禁進入倉庫；
2. 倉庫在無人的時候，確保關好門窗。

另外，還可以給倉庫保商業保險。商業保險的價格不高，以防萬一。

當然，除了做好以上這些防雨、防潮、防火、防盜的工作以外，還要做好以下兩方面的工作：

第一，加強基礎宣傳，提高倉庫管理人員的安全意識。

加強安全意識宣導是倉庫安全管理的一項基本工作，也是實現倉庫安全、預防事故發生的重要手段。透過內容豐富化、形式多樣化、對象廣泛化的宣導，特別是在門市「安全生產月」活動中的宣導，以及對實際案例的分析，增強倉管人員安全意識，破除麻痺思想和僥倖心理。

第二，責任落實，確保倉庫安全工作無死角。

維護安全工作，最直接、最有效的方式就是將責任落實到人。可根據倉管人員的分工和職位性質，詳細制定每個職位以及每個倉管人員的安全職責，確保安全工作時時有人檢查、事事有人管。因為安全工作需要人人參與，但更需要有專人負責。透過安全責任的分工，增強倉管人員的責任心，同時透過加壓，使安全工作檢查力度加大，有利於做到及時發現並消除安全隱患。

總之，倉庫的安全問題是大問題，無論什麼時候，安全工作始終是一項長期、艱鉅、複雜的系統工程，直接影響著生命、財產的安危。所以，倉庫安全管理工作必須警鐘長鳴，常保不懈。

第四節　商品進出倉庫：大不壓小，重不壓輕

倉庫進出的管理可以分為兩部分：一部分為入庫管理，另一部分為出庫管理。總體原則是：大不壓小，重不壓輕。具體來說，以下便是我總結的關於倉庫進出管理的流程說明，以求能使你有個更直接和明確的了解。

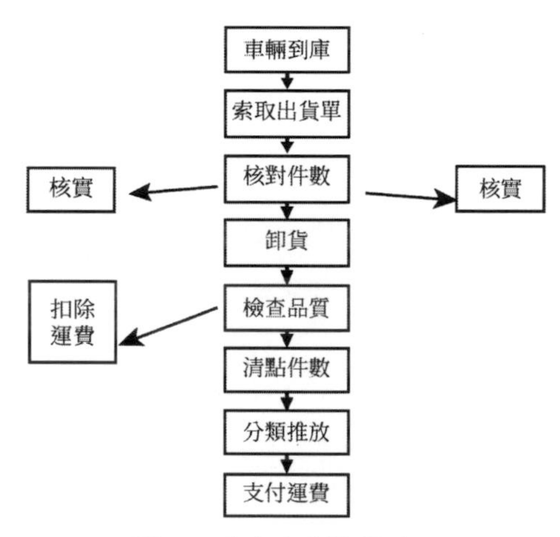

圖 5-1 倉庫入庫流程圖

1. 入庫管理流程說明

1. 物流送貨上門後，先檢查託運單上數量和倉庫發貨數量是否相符合。
2. 若數量相符，開始卸貨。
3. 卸床墊、沙發、裝飾品時，先檢視外包裝上的品名和型號，並在出貨單上相應的產品後面標明數量，根據型號把產品配對後，放在倉庫或展場相應的位置，記錄下各類產品的數量。
4. 卸板式家具時，根據品名（即分色系）和型號卸貨，並檢視外產品包裝上的件數，同一型號的產品放在一起，對檢查完畢的產品進行入庫或入展場處理，並在出貨單上該產品後面標明數量。沒有檢查完畢的產品，暫不做入庫處理。

5. 卸完貨後，檢查出貨單上產品是否全部收齊，並清點總件數是否與託運單上數量相符。若不相符，請向物流人員詢問原因；待物流將貨送齊，檢查無誤後方可支付運費；若數量相符，產品不能成套，請與公司物流部排程連繫；若產品有損壞、潮溼、短少、汙染等異常情況，請客戶按照運輸合約相關條款規定向物流公司索賠，並將此訊息回饋給公司物流部，需售後處理的產品訊息請通報至公司售後部。
6. 根據出貨單收貨完畢後，需在單據上簽字注明並依財務要求做好產品入庫臺帳。

特別提示：

A. 沙發需在收貨後三日內開包存放；所有產品入庫前需（開包）仔細檢查產品外觀品質；庫存產品須定期（每月）進行安全檢查。

B. 大理石餐桌、茶几等遇氣溫突變會發生裂變，出入庫和進入室內時須用棉氈、棉布等保溫材料包裹，待產品表面溫度與室內溫度接近時方可進行下一個流程。

C. 卸貨時應輕拿輕放，不得半空拋物，不得脫手放置，嚴禁踩踏床頭板、玻璃和未放置平穩的產品。

D. 卸貨後，根據產品分類把產品放到倉庫相應的位置，並作好標示。

E. 堆放產品時，按照「大不壓小，重不壓輕」的原則進行，玻璃產品、不規則型床頭板、大理石等應平穩側（立）放；除玻璃、大理石以外的產品均須平穩放置在木棧板上。

2. 出庫管理流程說明

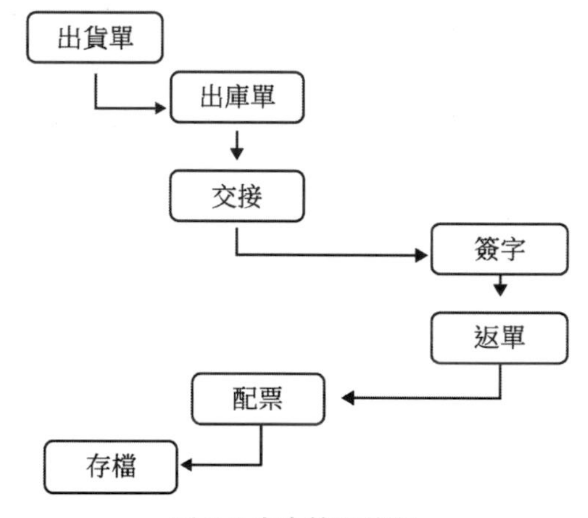

圖 5-2 出庫管理流程

1. 出庫時根據出貨單或相關提貨單據到庫提貨。
2. 提貨人員需在出庫單或相關單據上簽字，倉庫留一聯作為發貨憑證。
3. 倉管員根據出庫單或相關提貨單據，嚴格依同批次及「先進先出」的原則發貨。
4. 產品裝車時應輕拿輕放，按照「大不壓小，重不壓輕」的原則進行，玻璃產品、不規則型床頭板、大理石等應側（立）放；床墊、餐椅等捆綁時須用夾板加固。

5. 每天發貨完畢後，根據發貨單數量按財務要求在臺帳上做好減帳工作。送貨人員送貨完畢後將有客戶簽字的出貨單交給主管，由財務存檔。

特別提醒：

A. 任何一件產品出庫都須有倉管和相關人員簽字的出庫單據為憑據。

B. 沙發需在收貨後二日內開包存放；所有產品送貨前需再次（開包）全面檢查產品外觀品質；庫存產品須定期（每月）進行安全檢查，以防產品發霉、（鼠咬）損傷。

C. 大理石餐桌、茶几等遇氣溫突變會發生裂變，出庫和進入室內時須堅持用棉氈、棉布等保溫材料包裹，待產品表面溫度與室內溫度接近時方可進行下一個流程。

D. 由於皮革、布料材質生產以及其他一些工藝原因，公司不同批次的產品，會有輕微色差，倉庫發（送）貨時須嚴格按照外包裝同一批次號（或序號）配套發放。

E. 倉管人員須定期（每月）檢查、上報庫存產品，並及時處理（短時間不交貨的商品，一定要開啟底部的通風口，不要重疊堆放）。

我說了這麼多，其實就是想讓你明白倉庫管理的重要性。要知道，對於一個家居門市來說，只有做好倉庫管理工作，才能真正為門市生意的正常運轉鋪平道路！

第六章
銷售是門市法寶，制定明確銷售目標很重要

眾所周知，一個家居建材門市的銷量直接決定了門市生意的好壞，所以，銷售是門市的致勝法寶。要想有好的銷售額，確定一個銷售目標很重要，因為年度銷售目標決定了店面的銷售成績。確立了年度目標之後，接下來要做的就是完成自己的年度目標。這就需要你學會六種銷售理念，打造一支有企圖心的銷售團隊。而在這之前，你首先要做的就是要明白自己會遇到什麼樣的顧客。

第一節　你會遇到各式各樣的顧客

身為銷售人員，每天都要面對形形色色的人。他們有可能是你的老顧客，也有可能是你的潛在顧客。當然，這些顧客的年齡、性格、喜好等也是迥異的。

正因為顧客是形形色色的，所以你既有可能遇見為人和善的顧客，也有可能遇見比較難纏的顧客。但我想告訴你的是，不管你遇見了怎樣的顧客，作為一名銷售人員，你應該明白自己的身分，不要隨便動怒，而應該學會寬容和理解，學會和不同的顧客交流溝通。只有這樣，你才是一名稱職的銷售人員。

然而，這些不過是身為一名銷售人員應該具備的基本素養。實際上，銷售人員是否合格，最終還要靠業績說話。既然你要忘記自己的老闆身分，就要真正站在銷售人員的角度思考一下，顧客為什麼會突然離你而去？

為什麼，顧客會突然離你而去

作為家居門市的銷售人員，你每天都在招攬顧客，你每天都很努力，可是你有沒有發現，每天還是會有很多的潛在顧客與你擦肩而過？你有沒有認真想過顧客為什麼會離開你而選擇競爭對手？

事實上，雖然顧客突然離你而去的原因有很多，但我把這些原因都總結成了一句話，那就是顧客對你不滿意。而顧客之所以對你不滿意，可能就是因為你無意間犯了以下錯誤：

1. 消極被動，顧客問一句答一句

有些家居門市的銷售人員，可謂是惜字如金。顧客問一句，回答一句；若是顧客不問，銷售人員便跟著顧客轉，直到把顧客送出門。要知道，作為一名銷售人員，不能把產品的特性和優勢告訴顧客，不能像朋友一樣幫顧客挑選適合對方的家具，那麼這就是你的失職。在這樣的情況下，顧客離你而去，你絕對不冤！

2. 只說自己想說的

在現實生活中，這樣的場景似乎也很常見：銷售人員一直在滔滔不絕地介紹某產品，而顧客卻一直無動於衷，甚至最終不耐煩地離開了。這種情況其實就是銷售人員犯了一個致命的錯誤 —— 只是一味地說自己想說的，而沒有顧及顧客想要什麼。實際上，銷售成功的關鍵就在於想顧客所想，只有了解顧客的真正所需，銷售成功的機率才會增加！

總體來說，身為一名銷售人員，千萬不要因為自己的問題而導致顧客離你而去。所以，如果你想成為一名合格的銷售人員，那麼你就要認真分析顧客類型，然後找到他們拒絕的原因。只有這樣，你才能對症下藥，提高你的銷售業績。

分析顧客類型，找到拒絕原因

在你平時銷售的過程中，你是否會經常遇到很多妨礙成交甚至導致銷售中斷的問題？那麼你有沒有分析一下顧客的拒絕原因呢？以下這些場景你是不是很熟悉？

情景 1：顧客進到店裡來的時候就不喜歡你，對你的服務不感興趣。你熱情地招待他，他卻對你冷冷地說，隨便看看！然後你就開始「追」進店的客戶，一直就把客戶追出了店。

情景 2：你和顧客聊得很開心，都以為要成交了。結果顧客突然接了個電話就走了，再也沒回來了！

情景 3：「你們這裡有實木家具嗎？」結果你店裡就只有板式家具，你怎麼回答的？

情景 4：為什麼看起來差不多，你們家的家具都要比別人家的貴幾百元呢？

情景 5：一起來的兩個顧客，要買的喜歡，陪同的卻說很一般，建議到其他店再看看。

類似這些場景還有很多，你一定都曾遇到過。不過這些林林總總的問題，我把它們一共分成了四大類：

A. 顧客信任類問題；

B. 工藝材料類問題；

C. 個人喜好類問題；

D. 銷售技巧類問題。

而接下來我就將針對這四類問題，和你一起探討如何應對顧客的「不」！

如何應對顧客的「不」

1. 顧客信任類問題

情景 1：你很熱情地接待顧客，但顧客卻對你冷冷地說：「我隨便看看。」

你去朋友那裡買東西你會不理他嗎？肯定不會。因為顧客與我們非常陌生，不相信我們，所以才不願意搭理我們。只要與銷售人員說的話太多，就容易暴露自己，到時候自己想不買東西都很難。這是顧客留下的心結，我能理解顧客，因為我們都當過顧客。

在每間賣場裡面都有賣場動線，你能讓顧客按照你預想的動線行走嗎？答案當然是可以的。你只要站在相反的方向，並用手指著你所想讓顧客走的線路即可。這種類型的顧客不要一直黏著不放，距離顧客最好 7 步遠的距離。顧客剛進店的時候，你只需要觀察他的消費能力以及預估他喜歡的產品類型。

在接待顧客的過程中，一定不要站在顧客的後面。因為顧客看不見你，還覺得你不尊重他呢。要盡量站在顧客的側面或者是側前方，只要你發現顧客的腳步放慢下來，就表示他現在找到了所需要的商品；如果顧客四處張望就表示他現在沒有找到自己需要的物品；如果他的眼睛注視一款商品超過 3 秒鐘以上，就表示他對此款產品有興趣。我們上去接待的時候就可以直接說：「大哥，準備選 XXX 款，是吧！」直接將他所關注的商品說出來，那麼客戶下一步，馬上就會問你這款商品多少錢。你的銷售工作開始了……

2. 工藝材料類問題

情景 2：「你們這個家具是什麼材質的？」

關於這個問題，我們來回顧下自己曾經買衣服的情景。

你看上了一件衣服，覺得材質很舒服，就問了句：「你們這個衣服是什麼材質的？」

銷售人員很淡定地回答你：「是化學纖維的。」

假如你是這位顧客，請問你聽了這句回答有什麼感覺。沒聽懂是嗎？而且你會發現，銷售停滯了！銷售人員沒有抓住這個很好的機會讓你試穿。

在我們家具店銷售的過程中也經常出現這個問題。當顧客問到這個問題的時候，我們是怎麼回答？木芯板。多簡單的三個字啊！關鍵是顧客聽不懂，當我們回答顧客的時候，一定要說顧客能聽得懂的話。其實顧客問這個東西是什麼材料做的，就是想問你，這個材料能給他帶來什麼好處。賣家具就和日常生活有關係，簡單直白地說給顧客聽，一聽就能明白！

3. 個人喜好類問題

情景3：同行的兩個人，買者很喜歡，同伴覺得不合適！

同行的兩個人，是異性還是同性？是夫妻還是什麼其他的關係？其實每種銷售的情景都有所區別。在兩個人中誰是決定者？如何分辨？

在實際經驗就是，如果異性一起來，一定要以女性為主要銷售目標，要不然這單就很難成交。原因很簡單，怕女人吃乾醋。稱呼女性的時候，年齡稍長的你可以稱呼姐、大姐、姐姐。可是稱呼男性的時候呢？你稱呼哥、大哥、哥哥。你覺得哪個稱呼合適，自己感覺吧。

若兩人是同性的，到店裡來的時候，最好的辦法就是讓顧客帶來的朋友幫你銷售。喜歡和朋友一起逛街的人，一般主觀意識不強，容易被他人左右。有人可能會說，我（銷售人員）來左右他。記住他帶了朋友來的，在你和他朋友之間，你覺得他會更信任誰。所以當他朋友提出異議的時候，你一定要想辦法說服，讓他的朋友幫你銷售，這才是接待這類顧客的核心。

4. 銷售技巧類問題

能便宜點嗎？

我認識你們老闆，便宜點吧？

款式過時了！

我覺得我沒必要選這麼好的。

你們品牌倒閉了怎麼辦？

我之前看了別家的，你們家的價格怎麼比人家高這麼多！

我再看看吧！

把零頭去掉吧，就 600 元。

上面這些問題都是屬於銷售技巧類的問題。要求抹零的顧客有很多，你覺得這個零頭能抹掉嗎？顧客大部分都支付了，為什麼少的這部分要抹掉呢？回顧一下顧客都是什麼時候提出這個問題的，是不是已經在馬上要交錢的時候？零頭少了，利潤就少了。還有可能顧客在試探你，看你還有沒有降價空間。零頭少了，就證明你的利潤空間還是很大，所以少點也無所謂。顧客很有可能就走了，連買都不買了。那我們怎麼回答呢？記住了，就一句話：「放心，大哥要是買貴了我補你差價，我補你十倍的差價。」

總之，家居門市銷售的過程中所遇到的問題會有很多，我不可能每一個都舉個例子給你，所以在門市中一定要建立學習型團隊，這樣才能把工作中的日常銷售案例逐一解決，最終讓每一位銷售人員都成為銷售菁英，成為家居產業的頂尖高手 —— 家居顧問！

第二節　六種不可忽視的銷售理念

對於一個家居建材門市來說，銷量才是王道！如果沒有銷量，一切都等於零。正因如此，銷售人員是否出色，是否優秀才顯得尤為重要。然而，很多老闆總是跟我抱怨，說現在好的銷售人員太難請了。

銷售人員確實不好做，誰也不是天生的銷售大王。所以，身為老闆的你，如何培養自己的銷售人員就顯得非常重要。要知道，只有把自己的銷售人員培養成了銷售菁英，你才能在激烈的市場競爭中立於不敗之地。

說到這裡，或許你會問，那麼我該如何培養呢？銷售有沒有什麼技巧？是的，當然有！那麼接來下我便和各位老闆一起分享銷售人員的六大信念。只要讓你的銷售人員謹記了這六大信念，那麼他們在銷售時就一定會有事半功倍的效果。

銷售信念 1：我一定要用我最自信的微笑去面對每一位顧客

在這個信念中有兩個重要的詞語，一個是自信，另一個是微笑。透過這一個信念，我想告訴你的是，不要被你自己的情緒所主宰，因為微笑只是一個表情！不管你是老闆，還是銷售人員，只要是在面對顧客，都應該面帶微笑。因為顧客是你的衣食父母，顧客是上帝，而微笑這個表情是世界上最好的溝通工具，是作為銷售人員必備的銷售工具。

俗話說：相由心生！因此僅僅微笑還不夠，你的微笑還應該是真誠、親切的。如果只是皮笑肉不笑，那就比哭還難看了。所以，在你面對客戶微笑的時候，你要心繫客戶所想，心繫客戶所需，這樣你的微笑才會發揮真正的作用。

我在工作之初也是從事銷售業務，而且做了一年的時間都沒有成交一筆訂單。幸運的是，我竟然沒有被公司炒掉！

那時候的我每天上班都很迷茫，沒有自信。經理讓我去拜訪客戶，我雖然嘴上答應，但是到了客戶公司樓下，我就立刻回想起被客戶拒絕的場景，然後就在樓下開始徘徊，覺得我身邊每一個經過的人都在用異樣的眼神看著我。

快到年底了，我開始思考著如何去換一份工作。沒過多久，我們公司調來了一個總經理，管理我們的銷售業務。來了沒幾天，他就開始準備培訓我們。培訓是好事，可是壞消息也來了，他要我們每個人都交 5,000 元的培訓費。我就開始向身邊的每個朋友借錢，終於把錢湊齊了。可是這些錢要怎麼還呢？幸虧通知上還有一條訊息：本次學習的第一名有 3,000 元的獎金。這讓我還抱有一絲希望。

正因如此，我的學習目標明確了，拿到第一名！課程開始，每當老師提問與互動的時候，我也顧不上什麼面子，拚命地舉手回答問題，終於在第三天的時候，老師注意到了我。

他說：「你好！裴先生，我看你在我的課程中非常積極，你的業績一定很棒吧。」

「孔老師，對不起，讓您失望了，我的業績一塌糊塗，目前為止我在公司已經一年了，可我一單業績也沒有！」

「那你能告訴我現在你最需要什麼嗎？」

「我現在最需要錢。」

「這樣吧裴先生，我送你一句話是『我今天一定會賺錢』，每當你去拜訪客戶的時候，你就大喊 21 遍這句話，到時候它會幫助你成交的。」

在本次培訓結束後，我真的拿到了第一名，這讓我多少有了些自信。

有一天，我去拜訪我從工作開始一直都沒簽單的客戶。擠了兩小時的客運，終於到了拜訪的地方。我走進洗手間，開始整理自己的儀容儀表。當看到鏡子裡的我的時候，我突然想到了培訓時老師說的那句話——「我今天一定會賺錢」，他說喊 21 遍。然後我做出了我這一輩子最瘋狂的一件事，我在廁所裡大喊了 21 遍「我今天一定會賺錢」。然後，我走進了張總辦公室。

「這是我給您設計的第 6 個方案，今天來我想和你再次確認一下，看我哪裡設計的還讓您不滿意，我們一起來修改。」

張總什麼都沒有說，拿著我的方案仔細地看著，然後說：「嗯，不錯，設計得一次比一次好，滿認真的！可是我們公司現在不準備把這個課程交給外面的人做，所以對不起了，小裴！」

「我跟了你一年的時間，現在你告訴我不準備交給我做了！這不是耍我嘛！」我心裡想。最大的希望都破滅了，似乎自己解脫了一樣，然後我強笑著對他說：「張總，沒事的。看來我們這次沒緣分了，等下次合作吧。這方案反正我也做了，就留下來給您吧，您做個參考，或許對您還有些幫助。」

他沉默了會兒，然後對我說：「這樣吧小裴，我覺得你人還不錯，我介紹一個客戶給你，你找她吧，她會交給你做的。」

我連忙道謝，然後直奔介紹給我的業務單位，400 人的培訓就這樣順利簽了下來，我簡直不敢相信就這樣成功了。

現在你知道那 21 遍「我今天一定會賺錢」帶給我的是什麼了吧？對，是自信。所以，請現在所有的銷售人員和我一起高喊：「我今天一定會賺錢！」

銷售信念 2：我一定要和我的顧客雙贏

這句話表面看起來只有我和顧客兩個人，其實在這裡面還有一個是我們的企業，因為銷售成功能對企業的知名度、滿意度都有提升。

仔細想一下，顧客為什麼願意與我們成交呢？是需要，是喜歡，還是其他的什麼原因？很多時候我們似乎連給顧客介紹產品的機會都沒有，又是為什麼呢？假如顧客是你的朋友，他給不給你介紹產品的機會？答案是會的，因為朋友相信我們。所以每位銷售人員請記住：信任是我們與顧客成交的本質！

舉個例子，顧客需要一款沙發，經過我們的一番努力，顧客終於滿意了，請問接下來準備推廣什麼呢？給你幾個選項：沙發、茶几、電視櫃。請問你準備選哪一個呢？我當銷售人員的時候，我會選沙發！

很多人會問，沙發不是已經買了嗎？雖然你把沙發銷售出去了，但此時你和客戶之間的橋梁才剛剛搭建起來，並不是很堅固，而在下一步繼續銷售沙發的話，就可以解決上面的問題。所以，想雙贏就要建立信任。

同時，你還要特別地注意，在推薦下一套沙發的過程中有關價位的問題。如果你推薦的價格過高，顧客會覺得你想推高價給他，這個時候除了沒有達到目的，剛成交的訂單也會馬上終止，得不償失；若你的推薦價格過低，則會對你的業績有影響。那麼，在推銷時該向顧客介紹什麼樣的沙發呢？

據我多年的實際銷售經驗，我給的建議就是：第一套沙發價格在 1 萬元以內的，第二套的推薦價格一定不要比第一套多出 500 元；第一套超出 1 萬元的呢，第二套的推薦價格不要多出 1,000 元。兩個價格雖都有上浮，但給客戶的感覺並沒有提高很多，而這的確增加了你的業績。

當然，沙發賣出去了，並不代表你和顧客的關係就此終止了。因為任何一個在你店裡購買家具的顧客，都可能是你以後的常客，或者會給你介紹更多的顧客。其實這種口碑宣傳比任何宣傳效果都要好。那麼，如果你希望自己的顧客為你打廣告的話，就必須要做好售後服務。

就拿上面賣沙發來說吧，在沙發賣出去以後，你可以教教顧客怎麼保養沙發。這樣不僅顧客買的沙發能用得更久，而且顧客還會覺得你家的沙發品質好。那麼當顧客的朋友需要買沙發時，他一定會推薦你家的沙發。這不就是雙贏了嗎？

當然，由於沙發也分不同材質，所以針對不同的沙發，也會有不同的保養方法。希望我以下的總結，可以給你個參考。

1. 真皮沙發的保養

真皮沙發其實是個統稱，牛皮、豬皮、羊皮都可以用作沙發原料。真皮具有天然毛孔和皮紋，手感豐滿、柔軟，富有彈性。市面上的皮革按質地大致可分為：全真皮、半真皮、壓紋皮、裂紋皮四種。前兩種一般價格高昂，不過品質上乘；而後兩種，相對便宜，為一般家庭所使用。

保養方法如下：

1. 久坐後應常輕拍座位部位以及邊緣，恢復原狀，減少因坐力集中而出現機械疲勞的輕微凹陷現象。
2. 放置皮沙發的時候應該遠離散熱物體，避免因太陽光直接照射導致皮革乾裂和褪色。
3. 皮革是一種天然材料，只需要簡單和基本的護理。建議每週用蒸餾水和軟布輕拭，每月一次用無色鞋蠟或者潤革脂保養。

4. 若皮革上有汙點，用乾淨溼海綿沾取中性的洗滌劑抹拭，然後讓它自然乾，使用前可先在不顯眼的角落試用。
5. 若在皮革上打翻飲料，應立刻用乾淨布或海綿吸乾，並用溼布擦抹，讓它自然風乾。
6. 對新購置的皮沙發，首先用清水洗溼毛巾，擰乾後抹去沙發表面的塵埃以及汙垢，再用皮革油輕擦沙發表面一至兩遍（不要使用含蠟質的保養品），這樣在真皮表面形成一層保護膜，使日後的汙垢不易滲入真皮毛孔，便於以後的清潔。
7. 要避免油漬、原子筆油、油墨等弄髒沙發。如果發現沙發上有汙漬，應立即用皮革清潔劑清潔。如果沒有皮革清潔劑，可用乾淨的白毛巾沾取少許酒精輕抹汙點，之後再用乾一點的溼毛巾抹乾，最後用保護劑護理。
8. 禁止使用酒精擦洗。避免放置在陽光直射及潮溼處。有油漬或奶漬時，用乾抹布吸乾後，再用洗髮精擦洗，最後用清水擦洗乾淨。
9. 有原子筆油時，應盡快用橡皮擦擦掉即可。若有油垢或汙垢產生，先用肥皂水擦洗，再用清水擦洗乾淨。
10. 沾有啤酒、碳酸氫鈉（小蘇打）、咖啡等物質時，先用肥皂水擦洗，再用清水洗乾淨即可。

11. 亮而潔白的家具一旦變色，便顯得難看，如果用牙粉（或牙膏）來擦拭，便可改觀。但是要注意，操作時不要用力太大，否則，會損傷漆膜而適得其反。
12. 每週至少吸塵一次，注意去除死角、結構間的積塵。
13. 如果沙發墊子可翻轉換用，應每週翻轉一次，使磨損均勻分布。也可經常將墊子拿到戶外拍打，疏鬆內部纖維，以保持沙發的彈性。

2. 布藝沙發的保養

布藝沙發主要是指材質為布質材料的沙發，經過藝術加工，達到一定的藝術效果，滿足人們的生活需求。

保養方法如下：

1. 每週至少吸塵一次，注意去除死角、織物結構間的積塵。
2. 如果墊子可翻轉換用，應每週翻轉一次，使磨損均勻分布。也可經常將墊子拿到戶外拍打，疏鬆內部纖維，以保持沙發的彈性。
3. 如果沙發上沾有汙漬，可用乾淨抹布沾水拭去，為了不留下印跡，最好從汙漬外圍抹起。此外，絲絨家具不可沾水，應使用乾洗劑。
4. 所有布套及襯套都應以乾洗方式清洗，不可水洗，禁止漂白。

5. 如果發現線頭鬆脫，不要用手扯斷，應該用剪刀整齊將之剪平。
6. 沙發的扶手、坐墊易髒，應該在上面鋪上好看的沙發巾或大毛巾。
7. 沙發的扶手、靠背和縫隙也必須顧及，但在用吸塵器時，不要用吸刷，以防破壞紡織布上的纖線而使布變得蓬鬆，更要避免以特大吸力來吸，此舉可能導致纖線被扯斷，不妨考慮用小的吸塵器來清潔。
8. 布藝沙發的耐磨度不如皮沙發，最好避免總坐在同一位置。
9. 一年用清潔劑清潔沙發一次，但事後必須把清潔劑徹底洗掉，否則更易染上汙垢。
10. 最好選擇含防汙劑的專門清潔劑。

沙發保養很重要，如果不注意的話，一定會減少沙發的使用壽命。正因如此，你才要幫助客戶做好家具的保養工作。前面我已經說過，這樣做是一個雙贏的過程，那麼你何樂而不為呢？

銷售信念 3：我一定要對顧客的殺價「習以為常」

在家居門市中，銷售人員遇見最多的問題就是價格問題。買東西為什麼要殺價呢？就是因為不信任，覺得你在多賺錢，我買的東西水分太多！所以，請你回想一下，家具店的顧客一進店的時候，都在做什麼呢。很多情況下是你和他說話，他不理你，走到了一個產品的面前就開始問你：「這個家具多少錢？」只要你回答，他馬上就接著問：「打幾折？什麼？太貴了，再少點！ XX 家具店，才多少錢！你們這個品質我看還不如 XX 家具呢！」看看嘛，顧客為了和你講價費了多少口舌，如果你在這個時間回答得不恰當，這個成交的機會就會與你擦肩而過。

在上述的案例中，有個主動權的問題。顧客在選擇商品的過程中，會提出很多刁鑽的問題，其目的主要是為了難為銷售人員，將主動權完全掌握在自己的手中，以尋找恰當的機會與銷售人員進行殺價。此外，還有一種顧客，一進店就開始問價錢，很多的銷售人員立刻就會回答多少錢，顧客下一步就會說：「這麼貴，再少一點。」然後，你和顧客就開始了一番討價還價，最後因為價格問題顧客離開了。正因如此，所以我們很多老闆就會覺得交易不成功最大的原因還是價格。

說到這裡我還要告訴老闆們，銷售是一個流程，不會因為區域性而導致銷售成敗，而是要把銷售的每一個流程做到位，這樣銷售的成功率才能提高。所以顧客向我們提問的過程，就是主動權轉移的過程。銷售人員所要做的就是，要把主動權牢牢握在手中。

事實上，主動權在誰的手中，決定了成交成敗的關鍵。若是你回答價格，你就會被顧客牽著走，然後很難再拿回主動權。我在這裡教大家一個方法，我把它稱為「銷售反問法」。當顧客向你提問價格的時候，你就直接反問他，如：

「大哥，請問一下，你家裡的尺寸是多少？」

「大哥，你家裡的客廳面積是多大？」

「大哥，你家裡的主題顏色是什麼顏色的？」

「大哥，你家裡的採光如何？」

「大哥，你家裡的朝向是什麼方向？」

總之，在這個時候你不能回答顧客提出的問題，必須採用反問的方式進行應答。這樣你就可以掌握整個銷售的主動權，同時還能了解顧客的情況，從而幫助顧客選擇到最適合的產品，這才是銷售過程中的「王道」！所以，顧客殺價不可怕，只要你能適時掌握主動權，那麼就一定能銷售成功！

銷售信念 4：我一定要成為顧客所需要的人

我們都知道在銷售中有 80/20 原則，即 80% 的銷量由 20% 的客戶所決定。而在銷售的過程中，這 20% 的客戶就是我們的「VIP 客戶」，具有消費能力，自身的交際網路也比較廣泛，朋友眾多。

在如今這個社會，階層觀念仍然還存在，不過說好聽點就是「物以類聚，人以群分」。正因如此，這個社會才是富人和富人在一起，反之則亦然。同理，那些能成為你的 VIP 客戶的顧客，身邊的朋友也有成為你的 VIP 客戶的可能，而且這種可能性非常高。只要維繫好你自己的 VIP 客戶，這些 VIP 一定會給你帶來很多準顧客的。那麼，我們應該如何去維護我們的顧客呢？簡單點說，就是想顧客所想，給顧客所需。

你知道我們的顧客需要什麼嗎？換位思考一下，假如你是別人的顧客，你需要什麼樣的服務呢？我想答案就是：專業的產品知識及適合的產品推薦，當然，還要具備親和力和真誠的售後服務能力。

說到售後服務，我想提醒你一點的就是，千萬不要把售後服務和投訴混為一談。其實售後服務和投訴是兩個概念，最簡單的對比就是：投訴是出現問題的時候才會去做，而售後服務不能等出現問題的時候才去做，是需要不定期地維護我們的顧客。

單拿我們的家具產業來說吧！顧客在買了多久的時候才去做呢？據我個人的實際經驗來看，3 個月左右是非常合適的。在維護的時候，一般都是先打電話做回訪。在做回訪的時候，大部分都是這樣說的：

「您好！請問是 XX 嗎？我是 XX 家具店的，您在我門市購買了多少錢的家具，請問您現在的家具使用起來有什麼問題嗎？」

「有什麼問題？」

請問各位，你覺得有什麼問題？是的，這句話的本身就有問題，哪有打電話一來就問自己的產品有沒有問題的！對自己所售的商品這麼沒信心嗎？只怕你的商品沒有問題，顧客在你的回訪後，都會覺得你的產品有品質問題。

對於家具來說，我個人覺得你打電話做售後服務回訪的時候，應該和顧客說「您購買的家具應該做保養了」，從保養的角度對顧客進行回訪。這樣做既能維繫服務，又不會給自己找麻煩。如果顧客說不會保養呢？這個時候你要明白顧客想的不是要你教他如何做保養，而是希望你能去幫助他做保養。你會去做嗎？要知道，也許是下班的時間顧客才有空哦！

說了這麼多，就是希望銷售人員在接待顧客的時候，一定要真誠，要想客戶所想，要成為客戶所需要的人。要知道，你只有贏得了顧客，你才會有傲人的業績。

銷售信念 5：我知道所有的顧客都喜歡物美價廉的商品

你喜歡物美價廉的商品嗎？答案一定是肯定的。是的，所有人都喜歡。在我們的家居門市中，什麼樣的商品物美價廉呢？對，就是特價商品。你是不是發現現在家居店的銷售人員只會賣特價商品呢？你知道為什麼嗎？因為他們覺得有賣點，賣點就是便宜，而且銷售起來比較容易，不用那麼費力。

但是，顧客在選擇商品的過程中真的都那麼在意價格嗎？

你現在和我一起做個排序，排序的過程中，要用你的第一感覺選擇。

你想買一件自己喜歡的衣服，請你寫出對這件衣服的要求：

你發現了什麼？你關注的到底是什麼？

是的，你關注的不一定就是價格。顧客在選擇商品的時候，其實沒有把價格排在第一位。更多的人關注自己是否喜歡，在喜歡的同時，考慮價格是否在可接受的範圍內。這就是關鍵問題所在了，價格並不是顧客首先考慮的。銷售人員抓不住顧客的原因，主要有兩點：一是不知道顧客喜歡什麼產品；二是不知道到底顧客的心理價位是多少。所以在銷售的過程中，銷售人員就一味地向顧客推薦特價商品，懶得再去揣摩顧客的心理；或者是覺得顧客買多買少是老闆的事，和自己也就是那麼點抽成的關係了。

事實上，我在此提出所有的顧客都喜歡物美價廉的商品，但是還有後半句，那就是「特價產品」是不需要推廣的，特價產品是為了帶動正價商品進行銷售的。當然，作為銷售人員要特別注意，在我們對顧客銷售的過程中，也別為了一味地銷售正價商品，就給你的顧客帶來很大壓力，壓力大了反而不容易成交。

原因很簡單，凡事都要針對問題分析。作為銷售人員的你，要幫助顧客選擇最適合他的商品，這樣你才能成為一名真正的家居顧問。

銷售信念 6：我知道對比法讓顧客更容易接受價格

如果你足夠留心的話，你會發現當一個物品沒有參照物時，人們總是無法辨識它的好壞。因為，每個人的文化、背景都是有差距的，不是在每一個領域他都是專業人士。所以，遇到那些喜歡物美價廉的客戶，我常用的絕招就是對比法。這個方法能讓他們清楚地知道性價比高才是真理！

1. 同類產品差異化對比

A. 價格相同的比款式，比品質；

B. 款式相同的比價格，比做工；

C. 工藝相同的比品牌，比售後；

D. 活動前價格對比活動後價格（本品牌產品）。

為了讓你有更直接的了解，下面我將以自己的一個親身經歷現身說法。

我在門市的時候，有位顧客來想買個書桌，一進店就問我書桌多少錢。我說普通的 1,000 多元。我帶著他在店裡選書桌，介紹完了第一款書桌，我看他有些猶豫，就帶著他看第二款書桌，價格 4,000 多元，有一個小的書櫃。顧客看了眼價格就走了。我又帶他看了第三款書桌，價格 2,000 多元。顧客的樣子又變得很猶豫了，不過我心裡很清楚不是價格的原因。他現在的心理價位就在 2,000 元左右。

其實也很容易理解，人買東西不會選擇太便宜的，同時也不會選擇太貴的，這是人的中庸心理。和坐座位一樣，都不喜歡做第一排，都喜歡做第二排，這也是中庸心理。他猶豫的原因是什麼呢？他本來是想要一個可以放印表機的書桌，介紹的第一款和第三款都覺得小了點。透過了解我覺得他更適合的是第一款書桌，淺木紋顏色，好搭配，也非常耐髒。但是沒有放印表機的地方，這才是關鍵問題。我又選了一個小的電視櫃搭配在一起，讓他把印表機放在電視櫃上。結果顧客非常滿意我幫他選的組合，這筆交易自然是成交了，一共花費了 2,400 元。

銷售成功後，我個人總結了一下：第一找到了顧客的心理價位，這個心理價位就是透過對比法找到的；第二就是滿足了顧客的需求，需求是他想要一個可以放印表機的書桌，這樣他工作起來才更方便。

2. 不同產品差異化對比

說完了同類產品差異化對比，我們再來說說不同產品的差異化對比。我們是不是經常會遇到可以花高價購買電器、生活用品，卻在家具價格上糾結的消費者？遇見這樣的顧客，我通常會告訴他，好品質的家具的使用年限、工藝、售後服務及環保的標準等。同時，我還會告訴他，使用的家具與家人的身體健康息息相關。

在這裡，我，就是家具產業專家，所以我要讓他了解一套品質好的家具價值遠遠高於一套高品質音響。因為家具關係全家的健康，而安全是全人類最基本的需求。這就是不同產品的差異化對比。當有了參照物，有了對比，消費者才會有清晰的認知。

總之，不管是同類產品的差異化對比，還是不同產品之間的差異化對比，都是為了幫助顧客做出更好的選擇，同時也是為了自己更成功地銷售。

第三節　利用價格吸引顧客的注意

一般來說，顧客在購買家居建材的時候，通常會考慮兩方面的因素：一方面是價格；另一方面是品質。綜合這兩方面的因素，便有了性價比這個詞。事實上，身為家居門市老闆的你，如果想在激烈的市場競爭中不被淘汰，那就必須要打好價格戰。簡言之，就是多提供令顧客覺得性價比高的家具。

要知道，如果你把價格定太高了，顧客會扭頭就走；而如果你把價格定得太低，顧客又會覺得便宜沒好貨。因此，如何給你的商品定價，以及什麼時候漲價，什麼時候降價，什麼時候促銷，都顯得十分重要。

為什麼，價格戰成了主流

你是不是感覺這幾年的促銷活動特別頻繁？幾乎所有的店都在打折促銷，促銷的方式都是以低價吸引顧客。那麼，顧客是因為便宜而購買嗎？答案當然是否定的！其實顧客是因為商家有促銷活動才來的，而且過來選的是他們認為性價比最高的，而不是最便宜的。

事實上，價格戰的最主要原因是產品同質化！顧客到門市裡選產品的時候，眼睛都看花了，卻發現各家的產品都一樣，最後走累了，感覺這家的服務還不錯就買了。在顧客購買商品時，真正有多少是因為價格便宜呢！

走進我們的門市，你會發現商品實在太多了。如果你想打價格戰，首先必須要產品定價差異化。別人有的商品你也有，那就在這個上面降低利潤，甚至以成本銷售，這樣顧客會覺得你這裡的產品便宜；對於別人沒有的產品，你的利潤就可以定高些，再加上你的獎勵機制，銷售人員就會像母狼一樣幫你去「咬」住顧客。

總之，在門市所有的產品中，你需要具備高利潤產品、衝量的產品、低利潤產品、防禦產品。然後，讓導銷售人員組合銷售產品，再輔以獎勵機制，促進產品銷售，以達到擊敗對手、保障利潤的目的。

由於顧客對價格是非常敏感的，因此你就可以用價格來吸引顧客的注意。那麼，具體應該如何做呢？

如何用價格吸引客戶的注意

如果你留意的話，會發現在家居建材門市的銷售中，我們經常會遇見這樣的問題：顧客有時會問，為什麼看起來一樣的商品，我們店裡的價格卻比別人的價格高？

其實當顧客這麼問的時候，你就準備成交吧，因為顧客現在更喜歡你的商品。如果顧客喜歡別人家的商品，價格還比你的低，早就買了。問你這個問題的原因就是，顧客感覺你的商品比他們的商品要好，但是說不出來個所以然。而你現在要做的就是幫助解決顧客的差價問題。這時候你就要塑造產品的價值，只要你說的有道理，顧客自然就買你的產品了。

此外，絕大多數的家居店面，都是獨立賣場。因此，在價格的組合上，就需要老闆們多下功夫了。不過你要遵循一個原則：既要讓顧客覺得價格優惠，又要讓我們有利潤可圖。

如此來說，門市裡的標價就顯得很重要了。你要記住：標價的價格要醒目，將特價與價格低的都標出來，讓顧客一進到店裡就看得很清楚。這樣會增加顧客的留店時間，你就有更多的機會與顧客成交了。

價格體系的制定

理論說得再多，關鍵在於實踐。那麼，價格體系的定價步驟有哪些呢？

1. 價格調查，調查同類商品競爭對手的定價情況。價格要持平或者略高，或部分商品低於競爭對手。
2. 確定門市的單店毛利率，需要根據市場狀況和商場等級進行擬定。
3. 確定門市的定價模式（定價銷售與打折銷售）。
4. 確定經營產品中各類別、各系列產品在整個產品價格體系中的定位，從而確定高利潤產品（20%）、中利潤組合銷售產品（35%）、衡量性產品（40%）、防禦類產品（15%）。

當然，具體比例要根據實際情況擬定，由於市場情況不同，以上步驟不可全盤照收。

第四節　年度目標的訂定，決定了銷售業績

當你的家居建材門市的一切準備工作都塵埃落定後，就應該開始設立年度目標了。我經常這樣告訴我的學員：沒有目標，就沒有出路。因為沒有目標，就像是蒙上眼睛走路，只會像個無頭蒼蠅似的到處亂撞。所以，既然你身為家居門市的老闆，就一定要設立好年度目標。

那麼，或許你會問，我該如何設立年度目標呢？事實上，年度目標的確立，既不能太高，也不能太低。若是目標定得太低了，太容易達到，也就沒有了意義；若是目標定得太高，就會如鏡中花、水中月般難以實現。因此，在你設立年度目標時，一定要慎重！

目標設定的基本原則及分類

一個家居門市的年度目標，既是全年努力的方向，又是一個門市店面成績的展現。就是因為年度目標如此重要，所以在你確定年度目標前，一定要先熟悉下一年度目標的設定原則。關於年度目標的設定原則，我總結如下。

目標設定原則（SMART 原則）：

1. 目標必須具體明確

目標盡可能量化為數據，如年銷售 500 萬元，毛利率 40%，費用率 30%。

2. 目標必須可以衡量

必須要把目標分解為具體指標，如管理費用下降 5% 等。

3. 目標必須可以達成

根據市場需求、企業資源和人員技能狀況，透過努力是可以達成的。

4. 目標必須是合理的，各目標之間具有相關性

各目標之間必須是相互支持且符合實際，如銷量、成本和利潤目標需相互支持。

5. 目標必須具有時限

各專案目標要訂出明確的完成時間，便於追蹤和考核。

6. 目標必須大於提貨目標

目標必須大於或等於公司規定，根據產業屬性不同乘以不同的係數。

在你了解年度目標的設定原則後，接下來再跟著我了解一下年度目標的設立分類。一般來說，我將年度目標分為了三類，那便是必設目標、重要目標和必要目標。下面我便詳細介紹一下：

必設目標（基礎目標）

1. 業績目標：商場全年計畫完成的營業額。
2. 毛利目標：營業額減進貨成本之後與營業額的比例。
3. 費用率目標：商場經營費用占營業額的比例。

以上的三個目標情況，都必須進行細分化，要不然就有可能發生明明銷售量不少，可還是感覺沒賺錢的情況。

重要目標

1. 市場占有率目標：全年商場營業額與競爭品牌營業額相比的排名順序。
2. 客戶滿意度目標：售後回訪滿意客戶數量占總客戶數量的比例。

必要目標

目標設定要求：專賣店須設三階目標，分別為考核目標、奮鬥目標和挑戰目標。

1. 考核目標：專賣店設定的最低完成目標。
2. 奮鬥目標：考核目標 ×（1+20%）。
3. 挑戰目標：考核目標 ×（1+30%）。

如何設定年度目標

透過以上講述，我們已經明白了年度目標的設定原則及年度目標的具體劃分，那麼，接下來我便和各位老闆探討一下如何設定年度目標。

經過我個人多年的分析和研究，由於新店和老店的情況不同，因此它們的年度目標管理方法也就不同。以下便是我根據它們各自的特點，為它們總結出來的各自迥異的目標管理方法：

1. 適用新店的目標管理方法：公司目標法

公司每年與門市簽訂加盟合約，規定年度提貨目標，門市可用該提貨目標推算年度考核業績目標，公式為：年度業績目標＝年度提貨目標＋（1 － 35%）。該方法的優點在於推算簡單，缺點是可能不符合當地市場情況，會出現目標設偏的情況，影響門市銷量利潤最大化目標的實現。

如某門市當年提貨目標為 300 萬元，那該店年考核業績目標為 461 萬元。

2. 適用老店的目標管理方法：損益平衡法、接續計量法、市場定位法、市場預測法

A. 損益平衡法：

按費用推算表逐項推算經營費用和銷售毛利率，公式為：

考核目標＝固定費用＋（毛利率－變動費用率）。該方法優點在於計算簡單，缺點是未考慮市場因素，故此方法最好結合市場分析法綜合使用。

如某門市全年固定費用為 88 萬元，變動費用率為 12.61%（去年費用率），銷售毛利為 35%，則該店考核目標＝ 88 ＋（35% － 12.61%）＝ 393 萬元。

B. 接續計量法：

1. 以當年全年實際完成業績作為考核目標，實現考核目標則維持薪資不變，業績增長則抽成係數同步上升，讓團隊共享增長成果。
2. 該方法優點在於設定簡單，團隊信心充足且收入有保障，易於激發團隊積極性和責任心，缺點是考核目標有可能偏低。

如門市當年實現銷售收入 375 萬元，次年考核目標即為 375 萬元。

C. 市場定位法：

1. 設定本店在當地市場業績排名，結合市場預測法進行分析，確定年度業績目標，該方法適合市場基本面較好和具有競爭意識的商家。
2. 該方法優點在於進攻性強，能充分激發團隊鬥志和潛力；缺點是有可能目標過高，影響團隊積極性和穩定性，因此該方法適用於市場基本面好的門市。

D. 市場預測法：

1. 根據整體經濟環境、總體經濟政策、新建案及銷售情況、適婚者數量、競品市場占有率、店面資源情況及歷年銷售增長率，預測市場次年保守增長率，計算公式為：考核目標＝本年銷量 ×（1 ＋預測保守增長率）。
2. 該方法優點在於能充分把握市場機會，缺點是需要前期調查和專業知識。若預測結果嚴重偏離實際，則可能出現目標過低無激勵作用，或目標過高影響團隊積極性和穩定性。

如某門市當年實現銷售收入 375 萬元，綜合分析整體經濟環境、競爭環境及店面資源等情況，預測該市場次年市場保守增長率為 20%，那該店次年考核目標＝ 375×（1 ＋ 20%）＝ 450 萬元。

以上是我總結出來的關於新店和老店的目標管理方法，希望可以對你有所幫助。此外，我還想提醒你一點，這些目標管理方法只是在理想狀態下的方法，而實際上，在設立目標過程中影響毛利的因素還有很多，所以在擬定的時候需要特別注意。

那麼，影響毛利率的因素有哪些呢？賣場商品組合及業績所占比重、定價方式及銷售政策、市場競爭的因素、年度行銷計畫、公司階段性政策影響，以及其他可能影響利潤的因素，這些都是能夠影響毛利率的因素。

既然這些因素都是影響毛利率的因素，或許你會問，銷售毛利的設定方法又有哪些？

如何設定銷售毛利

1. 接續計量法

即以當年實際銷售毛利率設定下一年度銷售的毛利率。該方法優點在於設定簡單，具有一定的合理性；缺點在於未充分挖掘提高商品利潤的空間，或因考慮競爭的因素而失去利潤最大化或市場最大化的機會。如某店當年銷售毛利率為35.25%，那麼下年銷售毛利目標定為35.25%。

2. 綜合分析法

A. 分析商品組合高、中、低檔商品銷量所占比重是否合理，是否有優化空間及優化後對利潤的影響；

B. 分析定價策略及銷售政策有無優化措施及優化後對利潤的影響；

C. 分析市場競爭因素對毛利的影響；

D. 分析公司階段性政策對毛利的影響。

如某店當年經營毛利率為 36.5%，預測次年市場增長放緩，價格競爭越來越凸出，為確保完成年度目標，次年經營毛利目標 34.9%。

當你對以上這些方面都有所了解後，接下來再看一下家居門市的年度費用表：

表 6-1 家居門市的年度費用表

費用項目	數量	單位	單價（元）	年金額（萬元）	比例（%）	備注
固定費用	商場租金	坪				
	倉庫租金	坪				
	裝潢費用	坪				扣除總部支持分兩年攤銷
	品牌廣告費	次				
	辦公費用	月				包括折舊和辦公用品費用
	水電費	月				
	稅務	月				
	薪資（基本工資）	月				
	電話費	月				
變動費用	薪資（抽成獎金）	月				
	活動促銷費	次				此項費用占銷售收入比例
	運輸裝卸費	車				
	送貨安裝費	次				
固定費用總計（萬元）						
變動費用占比（%）						
預計毛利率（%）	（營業額－進貨成本）／營業額					
損益平衡點	固定費用／（毛利－變動費用的銷售占比）					
損益平衡商品成本	損益平衡點×（1－預計毛利率）					

注：固定費用：商場租金、倉庫租金、裝潢費用分攤、辦公費用、水電費、稅務、薪資、電話費、品牌廣告費用等。變動費用：人員抽成薪資、促銷活動費用、長途運輸費用等。

我說了這麼多，就是希望你能對年度目標的設定方法有個全面詳盡的了解。當然，僅僅知道如何設定年度目標還不夠，除此以外，你還需要對年度目標的考核方法有個清楚的了解。

年度目標的考核

如果你想對年度目標的考核方法有所了解，那麼你首先就要十分清楚自己的目標達成計畫，也就是要確立自己的年度經營計畫。然後才能對年度目標進行分配，並透過一定的策略來將它變成現實。

關於這些內容，我總結如下：

1. 年度目標分配

A. 影響目標的因素：

家居產業銷售淡旺季因素、年度銷售策略、門市行銷計畫、新建案銷售及交屋時間，以及當地裝潢習慣。

B. 月目標：

完成時間：每年 12 月 25 日前完成（或根據你所在的公司結帳時間而定）；

決策人：加盟總部老闆；

分配人：商場店長、業務經理協助；

分配方法：歷史數據法（根據去年各月銷售數據占比分配）。具體分配如表 6-2 所示。

表 6-2 門市年度目標分配表

項目			1	2	3	4	5	6	7	8	9	10	11	12	合計
去年目標	去年銷售占比														
	去年銷售毛利														
	去年費用率														
今年計畫	考核目標	銷售量													
		毛利													
		費用													

續表

項目			1	2	3	4	5	6	7	8	9	10	11	12	合計
本年計畫	奮鬥目標	銷售量													
		毛利													
		費用													
	奮鬥目標	銷售量													
		毛利													
		費用													

注：本方法作為基本方法，需要根據市場環境、行銷策略和計畫等因素進行適當調整。

從以上的目標分配表來看，如果你想達到這些目標並不容易。

A. 市場方面分析：從總體經濟形勢及政策，以及市場需求角度分析達成目標存在困難。

B. 競爭方面分析：從競爭對手發展趨勢和可能採取的措施分析達成目標存在困難。

C. 商場方面分析：從商場實力、資源、管理和團隊方面分析達成目標存在困難。

D. 行銷策略分析：從產品、通路、價格和促銷策略方面分析達成目標存在困難。

既然年度目標的完成存在困難，那麼接下來我便教你一些達成銷量目標的策略。

2. 達成銷量目標的策略

A. 產品策略：

分析形象商品、利潤商品和市場商品銷量占比，明確主推商品和輔推商品。根據商品組合及銷量排行分析，制定商品淘汰和新品引進計畫。

B. 銷售管道：

分銷管道：透過開設鄉鎮分店達成的銷量及具體計畫。

社群管道：透過開展社群行銷實現的銷量及具體計畫。

品牌聯盟：透過與家居建材品牌聯盟共享客戶資源實現的銷量及具體計畫。

C. 價格策略：

分析形象商品、利潤商品和市場商品定價是否適應市場競爭需要，並制定調整策略。

D. 促銷策略：

確定廣告和促銷投放的整體原則，同時要制定整體廣告投放計畫及費用預算，還要制定整體促銷計畫及費用預算。

3. 達成毛利目標策略

A. 透過引進系列家具、款式沙發及其他新品家具，以提升毛利；

B. 透過展覽和淡季等訂貨優惠加強備貨以提高毛利；

C. 透過管理高、中、低檔產品銷售比例提升毛利；

D. 透過銷售政策的調整提高或降低毛利。

4. 達成費用目標策略

A. 透過加強管理，辦公室費用及水電費降低 10%；

B. 透過增加整車貨物發運量，降低運費及產品損耗率 15%；

C. 透過加強售後服務流程和工作規範管理，使貨品損壞率降低 20%，售後服務費用率降低 30%。

雖然以上這些策略很有用，但在實踐過程中，你還需要制定人員需求及薪資獎勵計畫。因為必要的策略方法是手段，有了工作策略，年度目標是否能達成，就是你的團隊執行力的問題了。因此，如果你想達成年度目標，就要在運用策略的前提下，充分激發員工的積極性。只有這樣，目標才會變為現實！

第五節　塑造有企圖心的銷售團隊

以我多年的經驗看，如果你想打造一支有企圖心的銷售團隊，那麼你就必須建立內部培訓機制。因為培訓在門市管理、人員儲備，以及解決實際問題上發揮著不可低估的作用。

我請你想一想，你有沒有重視員工的內部培訓，並付諸了行動？如果答案是肯定的話，那麼恭喜你，你做得很好！但如果答案是否定的話，那麼你就要好好反省一下了。關於培訓，你首先要做的就是從根本開始重視，要明白建立內部培訓機制的重要性。雖然培訓不能產生直接效益，但它卻是你門市生意得以發展的助推劑。

當然，只有你自己意識到培訓的重要性還不夠，因為培訓的互動性就決定了它應該是門市全體員工每個人的事。因此，在你建立內部培訓機制的同時，也要讓員工明白這件事情的意義。只有這樣，培訓才能有良好的效果，你的員工才不會把講師的話當作耳邊風。

說到這裡，我想強調的一點就是，你千萬不要奢望培訓能帶來立竿見影的效果。這只是理想中的培訓。在現實中，培訓是一種潛移默化的東西，需要反覆地、長年累月地灌輸，需要大家反覆地去執行。如果你希望你的家居門市生意財源滾滾，那麼就要建立一套完善的內部培訓機制，讓你的員工不斷進步，從而為你創造更多的價值！

對新員工進行入職培訓，首先，可以增強員工的歸屬感和主角意識；其次，可以增強他們的業務銷售能力；最後，可以激發員工的潛能，使員工為你的家居門市創造出更多的效益。只有把你的團隊都培養成了菁英，你的門市生意才會好，你才有望成為一個成功的老闆。

說到這裡，可能有人會問，究竟應該如何培養新人呢？很多時候，身為家居門市老闆的你，是否總是覺得店面的業績不好，是因為員工的銷售能力有問題？但是，你覺得你的銷售人員工作熱情高嗎？你看過大街上有人提著一包不知道什麼牌子的化妝品、盥洗用品，推銷給路過的陌生人嗎？你覺得你的銷售人員有他們那樣的工作熱情嗎？

在門市裡，首先你要給銷售人員建立正確的價值觀、人生觀，讓他們工作起來有熱情，讓他們覺得在你這裡工作有意義。在培訓新入職銷售人員的時候，「企業文化、心態培訓、家具產業的產品知識、銷售技巧、如何開好晨會夕會、專賣店管理條例、銷售過程中的接待禮儀」等，都是需要給員工培訓的課程，甚至連如何開銷售訂單、正式單據等也需要培訓。

有的老闆或許會說，我不會培訓啊，怎麼辦？我只能告訴你去求助，求助於廠商，讓廠商派人來培訓。當然，若是廠商沒有，你可以把你的員工送到專業的培訓機構去學習。

說到這裡，可能有的老闆會想，如果員工學習完了離職怎麼辦呢？如果你擔心這個問題，那麼就要防患於未然，可以規定送出去學習的員工在多久時間內是不能離職的；假如有人要離職，那麼培訓過程中的所有花銷，應該由受培訓人自己承擔。這樣做的話，不是就能免除你的後顧之憂了嗎？

除此以外，銷售人員需要有 7 天的工作態度考察期，這 7 天的時間不需要他開始銷售。他在門市工作的這些天只是進行學習培訓，之後必須經過考試，合格後才能正式上班。

總之，身為家居建材門市老闆的你，只有做好員工的培訓工作，提升整個團隊的面貌，你才能打造出一支菁英銷售團隊！

第七章
把握機遇，應對競爭

俗話說：「商場如戰場。」有時候，一不留神，就有可能陷入危機四伏的陷阱中，所以，你身為家居建材門市的老闆，一定要時刻保持清醒，謹防各式各樣的陷阱。當然，如果你想成為一個合格的老闆，僅僅預防這些陷阱還不夠，更重要的是要懂得如何在發展中贏得機遇，在競爭中打造手段。

第一節　成功的陷阱，謹慎中前行

在你的不懈努力和奮鬥下，你終於把家居門市做得越來越好，越來越大。此時的你，再不是當初那個苦哈哈的小創業者了，已經有了屬於自己的輝煌事業。稱呼你一聲「大老闆」，完全是實至名歸。

然而，「打江山難，守江山更難」。雖然你已經有了自己的事業王國，但是如果經營不善的話，一不小心就會跳進看似安全的陷阱中。即使是一個很小的錯誤，也可能會隨著時間的累積而最終導致「千里之堤，潰於蟻穴」的慘劇！當然，如果你能妥善經營的話，你的家居王國不僅不會有事，而且還會更上一層樓！

根據我的總結，家居門市經營模式大概分為以下四種，看看你屬於哪一類。

成功是失敗之母型

慢慢地，當你的家居門市發展得越來越好的時候，身為老闆的你，便開始有了建立自己獨立的家居品牌的想法。這種想法自然是好的，於是滿懷信心的你，一開始做就弄了個幾百坪的大賣場。

由於賣場大了，便有了廠商的支持和幫助。當然，廠商對你的幫助只是在開業前，不過即使如此，效果也還是很不錯的。剛剛開業的大賣場，生意的確很好。然而，好景不長，你還沒高興多久，便發現賣場的生意逐漸開始走下坡。

這是因為在之後的日子裡，沒了廠商的幫助，便如同失去了拐杖，生意開始難做了。雖然投入了大量的資金，但收益卻並不如想像中那麼樂觀。

不過，這時候的你，仍然很有自信。你覺得自己很能幹，覺得憑藉自己的能力，情況一定會有好轉。然而情況並沒有如你想像中那般朝著好的方向發展。所以，你漸漸開始覺得銷售人員的能力不行，你不願意再出高一點的薪資給他們，或者你根本就不願意給他那一份薪資。很多銷售人員都被你開除了，然後你告訴所有人是銷售人員不好請，請來的銷售人員能力也差，賣不出去東西。

我請各位老闆想一想：都想讓員工把企業當成家，可是你把他們當成家人了嗎？

此外，還有一些自以為很「聰明」的老闆，開始在專賣店裡賣雜貨。這不是自尋死路嗎？什麼是專賣店？就是只能買這個公司的產品。這就與一夫一妻制是一樣的道理，如果你非要再找個其他的「女人」夾在你們之間，你覺得能和諧嗎？

因此，「聰明的老闆」死掉的方式有兩種：第一種是被廠商取締；第二種是自己把市場口碑做壞了。

如果是這樣的話，你覺得你的損失大嗎？其實我告訴你，廠商比你的損失更大。你丟掉的僅僅是一個店，而廠商丟掉的卻是一個市場和口碑。假如廠商想再次建立起這個市場，所花費的代價就不止你所投入的資金了。

所以，像這種在有了一點成功後，就由於擴大規模而又走向失敗的家居門市老闆，就是成功是失敗之母的類型。

夫妻店面型

雖然我們常說男主外、女主內，可事實上，這句話只在家庭中管用，而在家居門市中卻並不太管用。我就經常見到一些夫妻店面型的家居門市中，男老闆管理安裝、售後、銷售；女老闆則管錢、管貨、銷售，但就是不管帳。帳務混亂，倉庫混亂，店面混亂。就這樣，夫妻兩人就把一個門市做起來了，或同時有一兩個員工幫忙。

在這種狀態下，由於夫妻兩人共同當家，就會對整個門市的發展造成影響。因為很多事情不知道該聽誰的，或者是分工不明確，帳目太混亂。如果說這種夫妻店的弊端還不算糟的話，那麼還有一種情況則更加糟糕，那就是門市成了家族店，很多員工都是老闆的親戚。

有一次我去一個門市做培訓，一共有6個人參加，一個老闆、一個老闆的夫人、一個老闆的兒子、一個老闆的兒媳，還有一個安裝技師則是他們的遠房親戚，再加上一個是外聘的銷售人員。做培訓的時候，我本想坐著上課，可是實在坐不下去，因為家具商場太多灰塵了。我問老闆覺得髒嗎。他說有點，還說之前有位顧客也這麼說過。天啊，難道都不打掃環境的嗎？

不過我想想也可以理解，都是親人，你怎麼安排工作呢？家庭裡的事情會不會影響到工作上呢？所以，夫妻店面型的這種專賣店永遠是做不大的，能活著本身就是一種幸福。

接下來我們再來看下第三種容易經營失敗的家居門市類型。

事必躬親型

事必躬親型，顧名思義，就是門市裡的一切都要自己去管理，或者自己動手做。你要明白，你是一個老闆，是一個家居門市的掌舵人，有些事情你只要發號施令就可以了，根本沒必要親自去做。如果這樣的話，你花錢僱員工幹什麼呢？

然而，很多老闆卻是身兼數職：

銷售：幫助銷售人員去賣產品；

布置：幫助銷售人員擺放商品；

招募：負責門市銷售人員的招募；

倉庫：幫助進出倉庫手續，熟悉每個產品的位置；

送貨、售後：幫助專業安裝技師、維修技師去做他們該做的事情。

是的，事必躬親型的老闆就是這樣，只要自己有時間，店中的一切工作就都自己做完，唯一的目的就是不能讓自己停下來。

但是，這樣做是對的嗎？

事實上，這樣的老闆缺少員工團隊，注定了你的門市也沒有辦法做強做大。員工不強，門市則不強！你的精力有限，不可能一個人完成所有的工作。你需要的是團隊的幫助，幫助你把門市做強做大。

所以，對於這樣的老闆來說，關鍵問題就在於在如何培養你的團隊。如果你想讓自己的店面發展壯大，那就必須要懂得權力下放的道理。當然，前提是你得把店中每個人要做的事情都分配好，而他們要做的就是執行你分配的任務。而且僅如此還不夠，你還需要監督你的員工。不然的話，就不是授權而是棄權了。

我之前接觸過一個店老闆，知道要授權給員工，於是把很大的許可權交給了店長。店長接到授權後，並沒有很好地發揮能力提高銷售額。門市銷售不但沒提升，反而下降了。老闆授權以後又由於家庭原因經常不在店裡，即使來了，也就待一個小時，沒有注意到具體情況。一個月過去了，兩個月過去了，等到第三個月老闆發現銷售額下降了很多，店長還聯合其他員工一起要求調漲薪資，不然的話就都不工作了。這時候老闆才突然發現一下出現了好多問題，都很棘手。

事實上，這一切都是「授權」的結果。像上面所說的情況不是授權，是棄權！你授權後缺少核心的監督工作，當然，用人也有偏差。

在家電業內有位瀟灑的企業家。他說：「很多事，他們不用請示我。我要找人，幾分鐘就能找到。每天我一下班就回家，一步都不再離開，晚上從來不工作。」在業界，他對高爾夫的鍾愛很是出名，除了週六、週日要打球，週一至週五也有一兩天在球場上度過。

同業人士指出，該企業家是一個真正的領導者，因為他既能把專業經理人放得很遠，又能收得很緊。經理人在享受充分授權的同時，也接受著嚴峻的業績考驗。長久以來，該企業家十分認同一些跨國企業的做法，專業經理人經營兩個季度未完成指標尚可原諒，第三個季度還沒完成，經理人就要下課。

在該企業裡，每個人證明自己的時間很短，基層的業務員一般只有 3 至 6 個月，事業部總經理也是一年一聘。該企業員工習慣於接受這樣一種文化：業績指標達不到，即刻換人；如果達到了，上至經理人下到一個普通的業務員所獲得的獎金也是產業內最為可觀的，甚至有知情人士用「多得嚇人」來形容。

「企業靠的是人才，在產業裡我認為我的經理人是最優秀的。在企業裡，我什麼都不想幹，不想管。我也告訴我的部下，不要整天想著自己怎麼把所有的事情做好，而是要想如何把事情讓別人去做，找誰做，怎樣為別人創造一個環境，你要做的是掌控住這個體系。」該企業家笑言。

透過這樣一個案例，我就是想要告訴你，請記住權力下放，放心大膽地把事情交給自己的員工去做。當然，授權不等於棄權，對於你該做的工作你要自己做好，授權過後還要考慮監督的問題，不是不信任，而是為了有結果。

企業管理型

不管是成功是失敗之母型，還是夫妻店面型，抑或是事必躬親型，這三種模式都跳入了一個經營陷阱中，很容易導致經營失敗。而這時或許有的老闆會問，就沒有成功的模式嗎？當然有！其實對於一個家居門市來說，最正確的經營模式就是企業管理型。只有你真正把自己的門市當作是一個企業、一個團隊來管理，你的門市才能真正發展壯大。

以我多年的經驗來看，如果你想做得好，就必須知道自己店面的劣勢在哪裡，要把握好每個關鍵環節。當然，你最需要做的工作還是應該在於建立團隊上，向自己團隊灌輸公司的策略，建立自己的團隊核心文化，讓每個員工認識到把自己的工作做好是多麼的重要。此外，掌握競爭對手的動向、制定競爭策略、樹立自己的品牌和口碑等也是你必須要做的事。

我認識一個經銷商，起初只有30萬元，開了個小店面，大概60幾坪，但是，經過幾年的發展，做到了市場的第一名。他一路走來，遇見的問題太多了，從人員管理到市場推廣，都是自己一拳一腳開啟的局面。

我就是想跟你分享一下他的經營管理經驗。舉一個小小的例子吧，顧客到店裡來講價，這個情況我想各位老闆都遇見過吧。他的門市也一樣，不過到他店裡買東西，真的是連幾塊錢都不能少。不相信嗎？

有一次他請的專業經理人和門市的銷售人員產生衝突，原因就是顧客買了幾萬元的東西，說把零頭抹去就成交，聘請的專業經理人沒有同意，這筆訂單就沒有成交。到了晚上開會的時候，銷售人員的意見很大，這麼大筆訂單因為零頭而沒有成交，實在不划算，影響了她的業績，讓自己損失。這時候老闆出現了，就在開會的時候講：「不錯，這筆訂單確實影響了你的業績，也沒有拿到你應該有的抽成，影響了你的獎金。但是，不是我不想賣，是不能賣。你損失了幾千，我損失的可是幾萬啊。因為賣了以後我們的名聲就壞了，別人會說我們不誠信。所以各位，為了聲譽，不能賣。」

從此以後，他的門市就變成了「誠信店」，當地的消費者到他的店裡買東西再也不講價了。如果是你，你會賣嗎？這位老闆之所以能把自己的門市越做越大，就在於他是一個很有原則的人，寧可捨棄一個幾萬元的訂單，也不願使自己的聲譽受到影響。

看了以上四種類型，你覺得你是屬於哪種呢？如果是最後一種，那麼恭喜你！如果是前三種，從現在開始你就要改變一下自己的經營管理模式了。否則的話，如果最終虧損或者是關門大吉，就怪不得別人了。

第二節　品牌，決定門市是否成功的關鍵

如今的家居建材市場，各種品牌琳瑯滿目。在這些林林總總的品牌中，作為經銷商的各位老闆們究竟該如何選擇呢？要知道，對於一個家居建材門市來說，品牌的選擇有時候甚至能決定你的成敗。

因為有一個好的品牌，才會有好的口碑和市場。當然，並不是越貴越奢華的品牌才是好品牌。當你在做品牌選擇時，要根據自己的市場定位來選擇性價比最高的品牌。只有這樣，你的家具才能不愁銷路，你才能把你的家居建材門市經營起來。

品牌是經銷商經營的保障

在家居建材門市的經營中，有時候選擇比努力更重要。原因很簡單，只有選擇一個好的品牌，投入的時間、金錢、精力等才能有回報，門市才能有發展。正因如此，可以毫不誇張地說，品牌的選擇基本上決定了經銷商 80% 的命運。一個品牌代表一面旗幟，如果這面旗幟選擇錯了，那麼前景自然就不容樂觀。

身為家居建材門市的老闆，如果你想讓自己的門市越做越大，越做越成功，那麼一方面要靠自身的才能、人脈、資金、團隊；另一方面則要看所代理品牌的廠商實力、市場口碑以及誠信商譽、綜合實力等。對於一個經銷商來說，後者對你門市的長遠發展更具有決定性意義。因此，品牌是經銷商經營的保障。

說到這裡或許有人會問我，在選擇代理品牌的時候，有沒有什麼竅門呢？

當然，選擇代理品牌的要點就是該品牌的實力和企業的創新力。要知道，市場是不斷變化的，只有具有適應市場的能力、不斷求新求變的品牌，才能不被市場淘汰，才能真正立於不敗之地。另外，經營理念、培訓體制、品牌文化、通路規範等也是代理商在選擇品牌時應該注意的事項。具體要點總結如下。

1. 品牌文化

我常常對我的學員說：「思想指導行動，理念決定過程。」身為經銷商的各位老闆，如果想要尋找好的合作品牌，首先要考察的就是對方的品牌文化。因為品牌文化不僅是產品品質的展現，是廣告投放力度的簡單遞增，更是企業內涵的最直接展現。

在構成品牌文化的諸要素中，品牌的經營理念、文化價值理念是品牌文化的靈魂與核心要素。品牌文化的形成並不是一蹴可幾的，而是一個不斷累積、循序漸進的過程。也就是說，品牌文化的形成要經得起時間和市場的考驗，是在日積月累的過程中逐漸與消費者之間建立起來的信任。正因如此，一個擁有優秀品牌文化的家居建材品牌，才能贏得更大的市場，才是你的最優選擇。

2. 創新能力

古往今來，人類的發展、科技的進步，需要不斷創新，對於一個家居建材品牌來說更是如此。創新是企業的核心競爭力，是品牌永保活力的源泉。要知道，如果一個品牌故步自封，不懂得與時俱進、不斷創新的話，那麼等待它的結果必然是消亡。所以，一個品牌有創新能力，顯得尤為重要。

此外，隨著市場經濟的發展，產品的生命週期越來越短。所以，企業的創新能力在一定程度上代表著品牌的生命力。有創新能力的企業，能適應迅速發展的市場消費的需求，從而能生產出適應市場發展要求的產品；相反，如果廠商不具備產品開發的應變能力，當現有的產品組合走到衰退期，不能滿足消費者求新求變的需求時，品牌在當地市場的生存能力就會產生問題。因此，創新能力是經銷商在選擇品牌時應該尤其注意的一方面。

3. 服務體系

通常來說，一個好的品牌廠商，往往都有完備的後續服務機制，這能為經銷商的長遠發展提供有力保障。當然，在考察此方面時，不能只聽廠商的承諾，而應該看廠商的行動。因為即使廠商說得天花亂墜，但無法實踐的話，那你就成「啞巴吃黃連——有苦說不出」了。因此，這就需要各位經銷商的老闆們在正式與廠商合作之前，一定要三思而行，要多方徵詢相關人員意見，不斷「檢閱」對方的誠信。只有這樣，才能為之後的合作免除後顧之憂。

當然，以上這三點，我只是比較籠統地介紹了一下經銷商在選擇品牌時應該注意的問題。接下來我便詳細介紹經銷商如何選擇家具品牌。

經銷商如何選擇家居建材品牌

在我的學員中，很多人都有這樣的困惑：想要開個家居建材門市，但是面對眾多的廠商、品牌，卻不知道該如何選擇。下面便是我的一些建議，各位老闆們可以作為參考。

1. 專業的店面形象設計

店面是家居建材門市面對消費者的大門。消費者對其印象的好壞，直接影響整個門市銷量的高低，因此，店面形象設計就顯得尤為重要。經銷商在選擇品牌時，一定要看這個品牌的廠商是否有統一的專業店面形象設計。當然，還要實地考察廠商的店面設計是否溫馨，是否浪漫，是否能給顧客賓至如歸的感覺。

2. 豐富的產品線

如果說好的店面形象是外在包裝的話，那麼你店面的家具及建材產品則代表著內在品質。所以，僅有好的店面形象還不夠，還得讓消費者能夠喜歡你的家具。由於每個人的眼光不同，所以就必須要使顧客有足夠的選擇空間。如此的話，在選擇代理品牌時，就要看這一品牌的廠商是否有豐富的產品線。

3. 快速完善的供貨與售後服務系統

很多經銷商都對工廠的供貨和售後服務頭痛不已，所以，一定要找能夠快速、準確、及時地完成訂貨、下單、出貨一條龍的品牌廠商。當然，對於售後服務，如果廠商有專業的售後服務團隊，能及時解決顧客的各種問題，那就再好不過了。

此外，經銷商在選擇品牌時，還應該多了解企業負責人對事業發展的未來規劃，以及他所投入的重點是否與本產業相關。有些品牌沒有永久經營的理念，只想在市場上撈一票就跑，或者自己對產業的前景沒有信心，因此雖然現有的經銷商體系還在持續增加，但他又轉投其他產業或是發展其他品牌去了。如果發現主要負責人的真正興趣並不在本產業上，那麼是否值得加入就需要很慎重地考慮了。

當然，很多家具品牌企業都有自己獨特的優勢，對於經銷商來說，衡量其所選品牌的實力強與弱、好與壞，是否能夠給自己帶來更大的利潤和更高的發展，最終應該根據自身的發展需求來決定。

第三節　價格大戰：價格調整的祕訣

對於一個家居門市來說，有時候商品的價格會直接決定你的銷量和利潤。所以，如何給商品定價，什麼時候該漲價，什麼時候該降價就顯得尤為重要。

一件商品的價格，既不是越高越好，也不是越低越好。有時候，即使一件家具很貴，但只要顧客覺得值得，也會瘋狂地購買；有時候，即使一件家具很便宜，但顧客本著便宜沒好貨的心理，也不會購買。

因此，如何給商品定價，何時漲價或降價都是有技巧的。這便是這一節我將給大家講解的內容。相信在你讀完後會有所啟發。

商品定價的技巧

綜觀目前各種家居門市的定價方式，可謂五花八門，方法眾多。事實上，商品的價格可不是能隨便定的，因為它關係甚多。作為老闆的你需要明白：定價方法直接影響顧客的消費意向，不同的定價方法對顧客的刺激不同，不同的定價方法對顧客產生的心理影響也不同。

如果你留心觀察的話，會發現經營比較成功的家居門市，其成功的因素很大一部分在於價格的制定。在市場競爭日益激烈下，你完全可以利用價格策略占領市場，從而將競爭對手擊敗。一般來說，你需要掌握以下五種策略。

1. 成本加成定價法

（1）定義

成本加成定價法，又叫毛利率定價法、加額法或標高定價法，是多數門市創業者常採用的一種定價方法。

（2）優點

A. 計算方便，而且在市場環境的許多因素趨於穩定的情況下，運用這種方法能夠確保門市獲取正常利潤，從而讓門市正常營運；

B. 同類商品在各門市的成本和加成率都比較接近，定價不會相差很大，相互間的競爭不會太激烈；

C. 容易給人的心理上帶來一種合理公平的感覺，很容易被顧客接受。

2. 批次購買誘導定價

（1）定義

批次購買誘導定價法，是根據顧客購買量的差異來制定不同的價格，隨著顧客購買量的增加，單位商品價格在不斷降低。

（2）優點

能吸引更多的顧客。

（3）注意點

顧客都想在價格最便宜時購買商品，但在商品八九折時顧客興趣不太大，七折時就會擔心別人將自己心愛的東西買走，五六折時顧客會迫切想買走商品，否則將會失掉廉價的機會。因此，商品很少在一折時被賣出。

3. 安全定價法

（1）定義

安全定價通常是由成本加正常利潤構成的，又稱為「滿意價格策略」，是介於低價策略與高價策略之間的中位價格策略。

（2）優點

比較穩妥。

（3）注意點

這種方法會減少市場風險，可在一定時期內將投資收回，並有適當的利潤。顧客有能力購買，銷售人員也方便推銷。

4. 促銷定價法

（1）定義

促銷定價也叫「特價品」定價，就是將少數商品的價格降到成本以下，以此來招攬顧客，增加對其他商品的連帶式購買，以便達到銷售目的。

（2）優點

能夠招攬更多的顧客。

（3）注意點

運用這種方法要採用一些多數顧客需要的「特價品」，而且市場價格要為顧客所熟悉。這樣能讓顧客知道這種商品的價格比一般市價要低。

5. 習慣定價法

（1）定義

一種按照市場上已經形成的習慣來定價的方法。市場上有很多商品，銷售時間已長，同時由於顧客經常購買，即顧客很習慣按照此價購買，其價格大家都知道，因此形成了一種定價習慣。

（2）優點

穩定市場。

（3）注意點

這類商品的銷售應遵照習慣定價，不能將價格輕易變動。否則，顧客會心生不滿。如果原材料漲價，需要漲價時，要特別謹慎，可以透過適當減少分量等方法來解決。定價偏高，銷路不易開啟；定價偏低，顧客會對商品品質產生懷疑，也不利於銷售。

以上五種定價法，便是商品定價的基本方法。在實際運用中，你可以根據自己門市的實際情況來決定用哪種方法。當然，這些基本定價法只適用於最初給商品貼標籤時使用，商品的價格卻不是一成不變的，而是會隨著市場供求的變化而有漲落。那麼，如何給你的商品漲價和降價呢？

如何漲價與降價

商品漲價，這是顧客最不希望看到的，同時門市也承受了不小的壓力。我在市場調查中發現，許多門市對商品漲價都十分敏感，他們希望保持現狀，盡量少漲價，因為顧客一旦發現漲價就會產生牴觸心理。但事實上，漲價並不意味著銷售量下降，甚至有時漲價還會引起購物風潮。因此，只要漲價策略運用得當，就會增加利潤。

一般來說，導致調高價格的重要原因是需求過旺。一旦你的門市無法供應顧客需要的全部商品時，便可以漲價。例如，明星演唱會價格，一升再升，從 1,000 元、2,000 元上升到近 4,000 元、5,000 元，就是需求過旺的結果。

所以，其實你不應過於害怕漲價，而應該努力在經營中做到即使漲價，也不會遭到顧客的反對，還能吸引顧客上門。因此，門市可以針對不同的時期、不同的商品、顧客不同的心理，運用適當的漲價技巧。

（一）漲價技巧

一般來說，商品漲價有以下幾方面技巧：

1. 公開採購成本

當商品成本不斷上漲時，門市就需要將售價提高。但為減輕顧客牴觸心理，應將商品採購成本如實向顧客宣布，從而讓顧客接受漲價的事實，減輕漲價的心理負擔。如原材料價格上漲，本店 XXX 商品進行漲價。

2. 根據時節

遇到傳統節日和傳統習俗時，便是某些應景商品漲價的好時機，如湯圓、月餅等。而家居建材類的商品可將平時的特價商品在此進行更換，改為定價商品，有的時候會出現奇效。

3. 部分商品的價格分別提升

提升商品價格可分為部分漲價和全部漲價。商品全部漲價時，顧客會心生不滿，所以，門市要採取部分漲價的方法。

4. 把握漲價幅度

顧客一般對為什麼漲價不關心，他們只關心漲價後的價格與自己心目中的價格標準是否接近。因此，門市創業者如果需要大幅度調整商品價格，要採取分段調整的方法，每次漲價的幅度一般不能超過 10%。

5. 附加贈品

商品漲價時，不能損害門市正常收益，要搭配附屬商品或贈送一些小禮物，提供某些特別優惠。這樣給顧客一種商品價格提高是由於搭配了附屬商品的感覺。要過一段時間後，再重新恢復到原有水準。

6. 採用延緩報價法

當價格上漲已成為市場發展的一個趨勢時，對某些生產週期長的商品，等商品完成或交貨時再報價，這樣顧客便能接受漲價的行為。

（二）降價技巧

有漲便有降，說完了漲價的技巧，接下來我再說一下商品降價的技巧：

1. 選擇合適的降價時機

在商品降價的時間選擇上，可以提早，也可以推遲。有時是在商品太多時，有時則是在店面到期、必須清倉之時。

提早降價有以下幾種優勢：

A. 提早降價可以為新商品騰出銷售空間；

B. 在市場需求活躍時，就將商品銷售出去；

C. 早降價能夠加速企業資金週轉，大大改善現金流動狀況。

2. 減少折扣

當社會經濟情況較好，商品供過於求時，你可以採取降價策略來促進供需平衡。例如，一家經營海鮮料理的餐廳，開張後老闆推出「海鮮美食週」活動，在活動期間，每天推出一款特價海鮮，其售價遠遠低於同產業的價格，取得了很大的成功。

以上便是降價的技巧，而降價的原因也是多方面的：

1. 商品本身的貶值；
2. 定價太高，銷售量不高；
3. 為了競爭，使市場占有率提高；
4. 通貨緊縮，市值上升；
5. 採購的商品不恰當；
6. 市場飽和，商品供大於求；
7. 改變銷售策略。

當遇到這些情況時，你可以選擇降價。當然，商品的降價，並非是越低越好，它要遵循一定的規律。一般而言，需要注意以下問題：

A. 知名度高、市場占有率高的商品降價的促銷效果好，知名度低、市場占有率低的商品降價促銷效果差。

B. 根據以往的經驗，降價幅度在 10% 以下時，幾乎收不到什麼促銷效果；降價幅度至少要在 15% 至 20%，才會產生明顯的促銷效果。若降價幅度超過 50% 時，必須說明大幅度降價的充分理由，否則顧客會懷疑這是假冒偽劣商品，反而不敢購買。

C. 在降價標籤或降價廣告上，應注明降價前後兩種價格，或標明降價金額、幅度；有的商家會把前後兩種價格標籤掛在商品上，以證明降價的真實性。

D. 向消費者傳遞降價訊息有很多種辦法，把降價標籤直接掛在商品上，最能吸引消費者立刻購買。因為顧客不但一眼能看到降價金額、幅度，同時能看到降價商品。兩相比較權衡，立刻就能做出買不買的決定。

E. 消費者購物心理有時候是「買漲不買落」。當價格下降時，他們還持幣觀望，等待更大幅度的降價；當價格上漲時，反而蜂擁購買，形成搶購風潮。商家要把握時機，利用消費者這種「買漲不買落」的心理來促銷自己的商品。

家居建材類的商品可以定義某個時間為某項單品的活動，進行降價處理，從而增加客戶在某段時間內的來店率，以此來增加銷售業績。

使價格具有廣告效應

使價格具有廣告效應，這是目前很多門市老闆想到的價格關鍵。那麼，如何才能做到呢？在這裡我將給各位老闆列出以下三招，只要你掌握了，便可使你的商品價格具有廣告效應。

1. 無差異定價

定個很低或無差異的價格，迎合人們的求廉心理及選擇心理。

2. 產生對比

推出所謂「精品」，定個很高的價格，以產生轟動效應，其目的並不在於推銷這一商品，而在於推銷其他商品。

3. 奇特定價

採用奇特的價格或定價方法，以激發人們的好奇心，如顧客自己定價，自動降價銷售等。由於前兩種方法很容易理解，而這種方法比較晦澀，所以我便用一個例子來說明。

美國的匹茲堡市有一家家庭餐廳便是採用顧客定價策略。在這家餐廳的菜單上，只有菜名，沒有價格。菜單上方寫著幾句話：「在家庭餐廳，相信上帝會給我們帶來好運，因此，菜單上沒有定價，您自己決定您的餐點值多少錢。」

顧客根據自己對飯菜的滿足程度付款，無論多少，餐廳都無異議。如顧客不滿意，可以分文不付。

事實上，絕大多數顧客都能合理付款，甚至多付款。有一次，一位夫人和她的女兒就餐後，包括小費在內，共付 15 美元，而在原來的菜單上，夫人點的菜只有 5.75 美元。這位夫人解釋說：「如果不滿意，我是不會付這麼多錢的。」當然，也有付款低於標準的，甚至在狼吞虎嚥一頓之後，分文不給，揚長而去的。但那畢竟只是極少數。

這種由顧客自行報價的方法，滿足了消費者的自尊和好奇，也使顧客覺得這樣的買賣公平合理。因此家庭餐廳天天門庭若市，已經成為當地一個「熱點」。與以前餐點由餐廳定價時相比，營業收入每月平均增長 25%。

以上這三種方法一般都能產生較好的廣告效應。總體來說，買賣的成交，是因為賣者想賣，買者想買，價格能為買賣雙方所接受。至於接受什麼樣的價格，賣者的依據是自己的成本與預期的利潤，買者的依據是自己的支付能力與滿足程度。有的時候，一個小小的價格變動，便會引起顧客瘋狂的搶購。因此，身為家居門市老闆的你，應積極掌握，並將這些漲價和降價的技巧運用於實踐中。

第四節　做生意總有起起伏伏，以退為進搶占市場

商場如戰場，商情瞬息萬變，因此，事業上出現失敗是很正常的事情。這個道理很簡單，可卻很少有人能真正做到以一顆平常心看待自己的挫折和失敗。有些創業者在遇到挫折時，便會悲觀地認為「天要亡己」，拱手將自己創造的事業放棄。

其實，即使你遭遇了挫折和失敗，也大可不必有這樣的心態。我常常對我的學員說，失敗不可怕，可怕的是失敗後一蹶不振。這個時候，你不妨學一學「以退為進」，做一個聰明、豁達的老闆。如此的話，你終會「撥開雲霧見天日」的。

退而求穩，巧妙讓步

雖然「吃虧是福」這句話，幾乎人人都知道，可是縱觀如今商海，能夠完全理解此話的老闆則是少之又少。尤其是那些初次創業者，更是將這句話完全拋之腦後。其實，在和強勢對手的競爭中，「退一步海闊天空」方為上策。

對於「以退為進」的商業戰術，在談判中的效果是最為明顯的。下面這個案例，我經常在培訓課上說起，現在我願意與大家一起分享。

2008 年，一家家具生產製造企業由於受到地震的破壞，急需採購一批材料重建。在一次與 C 公司採購的談判中，該企業成功運用以退為進的談判方式獲得了成功。

在談判中，家具企業說：「我們急需一批材料 XX。」

C 公司：「你們的心情我們可以理解，但在價格上是否可以提高一點。」

家具企業說：「現在是非常時期，我們的困難你可否了解。」

C 公司：「普天下華人都了解，大家各讓一步吧。」

家具企業說：「我們現在不光缺材料，還缺人才，可否在這個問題上給予幫助？」

C 公司：「我提議價格再上調 1%，人才問題我們可以無償解決。」

家具企業說：「成交。」

由於在地震中，家具企業的資金出現問題，短時間內還無法得到解決。因此，談判中家具企業說：「按照你們公司目前的價格，我們的現金無法按時到帳，需要等到明年一起結算。」

C 公司此時才明白，家具企業的價格讓步是為了獲取資金的延期付款，但由於已經答應合作，於是 C 公司只好按照談判要求將人與材料送過去。

透過以上這個案例，我希望你能明白以退為進的道理。很多時候，過程並不重要，重要的是結果，誰能笑到最後，誰才是贏家。不管是在談判中，還是在日常的經營中，做生意總是有起有落的，如果你總是針鋒相對，寸土必爭，最後往往會使得自己走進一個死胡同。所以說，學會「讓步」，這是值得每個家居門市老闆好好學習的一課。

以退為進搶市場

很多時候，身為一個老闆，就必須要有聰明的經商頭腦，做生意要時刻分析商情，踏實前行，只要這樣堅持下去，就一定會獲勝。當然，一定要量力而為，不可太過心急。俗話說「食緊挵破碗」，如果你太心急，有了一點盈利後就貿然擴大規模，說不定會連之前的本錢也賠了進去。

有多少錢就做多大的生意，與其盲目擴大，不如保持小規模經營，倘若遇到困難，還可靈活應對。事實上，這時候的退讓是以退為進，是為了以後能有更好的發展。

2007 年，某大型家居門市的市場銷售不順，一時間，不少人認為這家門市將會一蹶不振。然而令人意想不到的是，2008 年，這家家居門市再次呈現出了良好的銷售態勢。

後來人們才得知，原來 2007 年的低迷只是一個調整手段，為的就是「退而求穩」。因為早在 2006 年年底，老闆發現門市存在不少弊端，若是任由其發展下去，一定會造成不可挽回的局面。於是，老闆便將 2007 年定為「調整年」，工作重點就是要「加大門市內部的調整力道，以應對新的市場形勢」。

果然，到了 2008 年，經過一年時間的調整後，這家家居門市再次成為家具產業的銷售天王，市場反應非常好。可以說，2007 年的「退而求穩」，讓這家門市後勁更加充足了。

以上這個案例表明，做生意不是贏得滿堂喝采的表演，而是實實在在的戰鬥。在每一回合上不求多得分，只求不失分，如此下去，必然笑到最後。所以，千萬不要盲目擴大規模，一旦遇到困難，寧可立即縮小規模，絕不做賠錢生意。要知道，退而求其「穩」，才是一個成熟創業者應懂的道理。

暫時退市，不代表放棄

我經常對我的學員說，作為一個家居門市的老闆，作為一個商人，就一定要能屈能伸。尤其是當你遇到非常大的打擊的時候，就不要再為了面子而打腫臉充胖子了，在這種時候，聰明的人都會選擇果斷地退出市場。

當然，任何事情都有一個原則，這種退出並非無節制、無原則的潰退，而是為了積蓄力量為下一輪競爭做準備。因為無節制的敗退，必將導致迅速解體，從而形成一敗塗地的局面。

然而，並不是每個家居門市的老闆都懂得這個道理。很多時候，創業者對眼前的「失敗之勢」沒有正確的判斷，總是像賭徒一樣，不甘心失敗，仍對自己的處境抱有僥倖心理，結果等來的卻是更大的損失。所以，作為一名創業者，要想在失敗來臨之前避免失敗，一定要注意以下兩點：

1. 應對市場競爭態勢有準確判斷，能夠清楚認識到將要蒙受損失的時機和領域；
2. 善於快速退卻從而避免或減少損失，即抓住面臨失敗前的有利時機搶先主動收縮或撤出必敗的領域。

縱觀那些事業成功的家居門市老闆，大多都是能夠審時度勢的智者。不是有這樣一句話嗎？「留得青山在，不怕沒柴燒。」暫時的退市，並不代表放棄，只是為了以後更好的捲土重來。若是你一直固執地不肯退讓的話，那就真的沒機會了。

第八章
做好門市的推廣與廣告，營造品牌效應

雖然以前人們常說「真金不怕火煉」，但隨著市場競爭的日益激烈，如今應該說「真金也怕火煉」才更為貼切。要知道，家居建材門市只有優質的產品和服務是不夠的，還必須要搭配良好的廣告宣傳與推廣。只有這樣，才能形成自己的品牌，在激烈的市場競爭中永立不敗之地。

第一節　做廣告前，先認識廣告

你為什麼做廣告

在廣告宣傳投入之前，我希望你首先應明白：你為什麼做廣告？廣告能給你帶來什麼？什麼樣的廣告是有效的？只有當你對這些問題有了一個直觀的了解後，你才能進行具體的廣告宣傳投入。

1. 廣告宣傳的目的

不同類型的廣告，關注點都有所不同，因此，身為老闆的你，首先應確定自己要宣傳的對像有哪些，這樣才能有的放矢。

A. 宣傳品牌：包括品牌的字號、商標等。

B. 宣傳產品：包括產品的類型、特點、形式等。

C. 宣傳特色：包括企業形象、經營理念、經營方式、特色等。

2. 調查市場，制定策略

在確定了宣傳目的後，你還應根據自己的經營方式、產品的性質和特點等，調查分析在市場中的行銷機會、競爭形式和程度，以及可能占領的市場大小，依此制定相應的廣告策略。否則，廣告可能就會出現偏差，達不到效果。

3. 廣告宣傳的基本要求

A. 清楚、明確、可衡量；

B. 符合實際情況，能落實實施；

C. 具有一定的彈性，在環境變化時能夠在廣告目標範圍內做出適當的調整；

D. 符合整體行銷的要求，不能與整體行銷的目標衝突、矛盾。

透過以上內容，相信你對廣告已經有了一個大概的了解。不過，我還要提醒你一點，千萬不要為了提高自己的品牌形象而「打腫臉充胖子」，不得在廣告中摻入虛假訊息。否則，當消費者發現實物與廣告大相逕庭，就會對你的家具、門市產生反感。

在對廣告有了大概的了解後，接下來要做的就是選擇廣告平臺。由於每個人的創業方向不同、投資領域不同，因此投放的廣告平臺也應有所區別。所以，你應該根據自己的實際情況選擇投放平臺。

選擇什麼樣的廣告平臺

一般來說，以下這四種方式，是廣告傳播的最佳途徑，這需要你根據自身情況進行選擇：

1. 報紙廣告

對於當地的家居門市來說，報紙廣告是最佳的宣傳方式。因為報紙具有數據性，便於儲存、剪貼、編輯，同時能夠較深入、細緻、精確地報導，從而給讀者留下較深刻的印象。除此以外，報紙廣告還有一個優點就是廣告成本較低。

不過，報紙廣告也有弊端，那就是形象性較差，傳播速度較慢，且受讀者閱讀程度的限制，這一點必須注意。

2. 電視廣告

如今幾乎每個家庭都有電視，因此，透過電視廣告傳播，目標受眾客群會最大幅度地接受。同時，電視廣告表現手段也豐富多彩，是唯一能同時使用文字、圖畫、聲音、色彩和動作的廣告，所以吸引力很強。

當然，電視廣告的缺點也顯而易見：

A. 成本昂貴；

B. 由於技術條件的限制，消費空間具有獨占性；

C. 電視廣告受時間、頻道限制，比較被動，訊息只能單向溝通，稍縱即逝，不便儲存查詢；

D. 有些節目製作週期長、費時費工。

3. 電臺廣告

通常情況下，電臺廣告的費用都比較低，對受眾來說不具獨占性，效率高，可透過播音員聲音的抑、揚、頓、挫及感情來影響受眾。

不過，電臺廣告也存在訊息稍縱即逝的缺點，聽眾稍不留意，訊息就無法尋找，不具數據性。此外，電臺廣告的形象性較差，不能造成直觀印象。

4. 其他廣告

除了以上這些廣告外，還有其他類型的廣告可以選擇。

A. 現場廣告

張貼和樹立於大型活動場所，進行活動宣傳。

B. 戶外廣告

戶外廣告指用於交通路線、商業中心、機場車站和車輛行人較多地方的廣告牌。它存在的時間長、費用低，適合做宣傳品牌、樹立形象的廣告。戶外廣告有招貼廣告、繪製廣告等類型。

總之，無論是以上哪種廣告宣傳方式，它們都會有自身的優缺點。所以，很多時候僅僅選擇一種宣傳方式會比較單調，效果也不太好。因此，如果你想收到比較好的宣傳效果的話，可以選擇兩項或幾項進行優勢組合。這樣的話，廣告的效力就會大大提升。

第二節　節日、假日促銷：善用時間差

投入廣告，是為了宣傳，為了推廣，為了樹立品牌意識，但只是投放廣告就夠了嗎？要知道，同一個時間內的市場量是有限的，如果你不做活動，不做推廣，而別家做了，你就沒有銷量。所以，這幾年商家的促銷活動越來越頻繁。

那麼，促銷活動是不是越頻繁越好呢？活動又要怎麼做才能造成很好的效果呢？事實上，節假日促銷一定要打好時間差。

節假日促銷模式

由於大部分的家居、建材企業都在做加盟或者代理，因此，品牌的意義對經銷商與廠商之間的意義也不一樣。我想請你先看一下這幅圖：

透過這幅圖可以看出，在經銷商和廠商之間，每個人需要的品牌含義是不一樣的。心智品牌需要廠商去做。例如，你常常會看到某知名家居品牌廣告在電視上播出，只要你想加盟家居品牌，可能第一個就想到了它。因為是知名品牌，經銷商會對這樣的品牌有信任度覺得這樣的產品好賣出去。時間久了，該品牌就會在經銷商的心裡形成心智品牌。

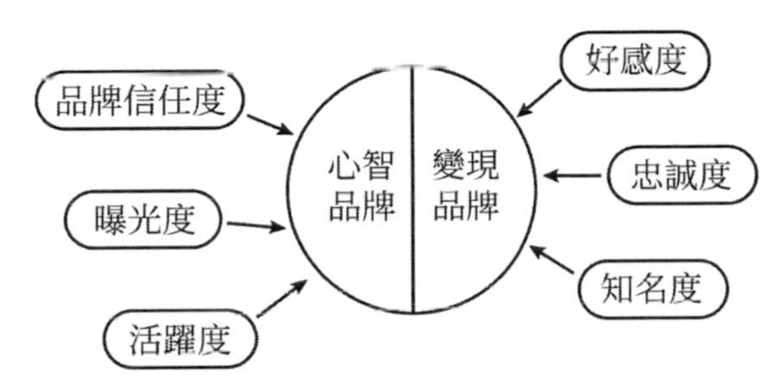

圖 8-1 心智品牌與變現品牌

其實節假日做促銷活動和在電視做廣告是一樣的道理。做活動是為了讓你成為同產業中的明星，只有經常性的曝光，你的身價才能上漲，大家才會喜歡你，喜歡你的商品，喜歡你的服務。

當然，由於促銷的目的是搶奪市場量，壓縮對手生存空間，壯大自我實力；目標是最大幅度提升銷量和獲利能力。因此，在做促銷時必須要做到準、快、狠、嚴、管五大要點。只有做到了這五大要點，才能有效確保經營效益最大化。

所謂「準」即促銷時機把握準確，何時發現市場機會，何時有需求，何時有促銷。如房地產集中交房或裝潢、新人結婚、重大節假日、重要公益活動、競爭品活動前及家居上游品牌開展活動時，均須開展對應的促銷活動，以搶占市場先機。

所謂「快」即抓住時間差，搶先一步。比競爭對手搶先一步，是讓促銷效果最大化的重要條件。如在競爭對手開展活動前，或在對手不注重的淡季加強促銷推廣。在競爭對手開展活動時或在其後開展促銷活動，效果將大打折扣。

所謂「狠」即優惠一步到位。活動要有確切的賣點，活動內容簡單易執行，各子活動協調配合，既要能聚人氣又要穩住銷量，即時需求與未來需求兼顧，簽單率與客單量兼顧，以達到量利齊升的最佳效果。切忌促銷不痛不癢，造成投入多、銷量差的尷尬局面。

所謂「嚴」即執行要嚴密。活動方案確定後，須編制執行計畫，分組落實、定人定職、協調配合，確立各項工作負責人、完成時間和執行要求等。活動所需物品計畫到位，執行流程合理流暢，分工做到清晰明確。

所謂「管」即隨時管控執行流程。每日召開專案專題會議，聽取專案負責人完成工作的情況及執行中遇到的困難，及時協助解決或改進執行，使各項工作順利配合跟進，確保活動方案的貫徹執行。

警惕促銷時容易陷入的陷阱

我在做市場調查時發現，雖然很多家居門市都經常做促銷，但總是容易跳入一些失誤。這些失誤會使老闆和促銷人員進行決策時出現失誤，會給門市促銷帶來消極的影響。因此，我在這裡特別針對這些失誤進行了以下總結，希望各位老闆心中有數。

1. 價格越低越暢銷

促銷商品時，不少門市創業者認為低價格的商品就一定會暢銷。其實，這是片面的想法。在商品促銷過程中，對某些商品採取低價促銷的確能夠使銷售量提高，但對某些商品來說就不一定適合，這需要根據不同的商品來決定。其實，有些商品不能暢銷的原因，就是價格太低，使得原來暢銷的商品變得無人問津。

2. 將顧客視為傻瓜

可以說，家居門市的一切利潤均來自於顧客。然而，在實際經營中，卻有一些自以為是的老闆視顧客為傻瓜，認為顧客什麼都不懂，自己提供什麼東西，顧客就會接受什麼東西。

這樣做的結果就是：失去大量的顧客。因為顧客不僅能從眾多的同類商品中選擇自己喜愛的商品，還可以憑自己的主觀感受來選擇自己的消費權利。

3. 售後服務存在陷阱

在顧客購買到家具後，一些家居門市會利用顧客商品意識的欠缺，在售後服務之時，趁機對顧客收取高費用，乃至欺騙顧客，以假當真，賺黑心錢。這樣的做法，雖然一時會獲得一些小利，但從長遠看，卻是在自毀招牌，會對門市長遠發展造成無可估量的損失。

4. 想當然地推銷商品

要想使商品賣得好，必須掌握顧客的心理。然而，有些家居門市總是認為只要自己對商品滿意，顧客也就會感到滿意，完全以個人的想法來決定大眾的需求，這樣很容易造成商品銷售不出去。

這也就是為什麼在商品促銷活動中，明明促銷的商品品質很好，而且價格也很便宜，但顧客卻不買單的原因。

5. 沒有標準地隨意收費

售後服務如何收費，對顧客來說是個非常敏感的話題，但有些售後服務的收費標準常常令顧客摸不著頭緒，心生不滿。

6. 對顧客的售後服務承諾不重視

在顧客購買商品時，許多家居門市會向顧客做出各種承諾，以消除顧客的顧慮，促使他做出購買決定。但是，顧客一旦將商品購回家中後，門市就會將承諾拋到一邊，使得售後服務成為一紙空文。

以上這六大失誤，所有家居門市的老闆都應該警惕。只有了解了促銷的失誤，才有利於各位老闆根據自身狀況靈活地採用促銷方法，避免得罪顧客，影響門市的經濟收入。

案例：某知名品牌促銷大揭祕

一、活動背景

家具展覽會，是商家爭取顧客、消化庫存、提升品牌曝光率的黃金促銷時間。

二、活動目的

- 促銷：最大利益讓步，消化庫存訂貨；
- 提升：透過行銷手段，提升客戶信心；
- 占領：打擊競爭對手，占領市場銷量；
- 傳播：利用展覽活動，傳播品牌訴求；
- 主題：藉助假日經濟，實現銷量增長。

三、活動內容：

1. 活動主題：大牌低價盛惠

有禮來就送

先下手為強，瘋搶 72 小時

2. 活動內容

（1）【有禮來就送】

①曾經買過，一定送！

如果您曾經買過產品，憑發票或購物單據可換取精美好禮一份。數量有限，送完為止。

②現在來買，立刻送！

活動期間，凡購物消費滿 3,000 元，就送精美好禮一份。

③即使不買，也能送！

只要對產品感興趣，即使不買東西，只要留下資料的客戶也可以免費獲得禮品一份。

執行辦法：

A. 同一顧客、同一地址只能領取一份；

B. 數量有限，送完為止；

C. 以上禮品的設定僅供參考，可根據自身情況靈活調整。

（2）【先下手為強，瘋搶 72 小時】

①精品大床＋床頭櫃 ×2 ＋豪華床墊 14,999 元。

②精美沙發 5,999 元。

第三節　會議行銷模式

會議行銷也叫資料庫行銷、服務行銷。它是指透過尋找特定顧客，利用親情服務和產品說明會銷售產品的銷售方式。會議行銷的實質是對目標顧客的鎖定和開發，對顧客全方位輸出企業形象和產品知識，以專家顧問的身分對意向顧客進行關懷和隱藏式銷售。

此外，會議行銷可以分為以下三個板塊：

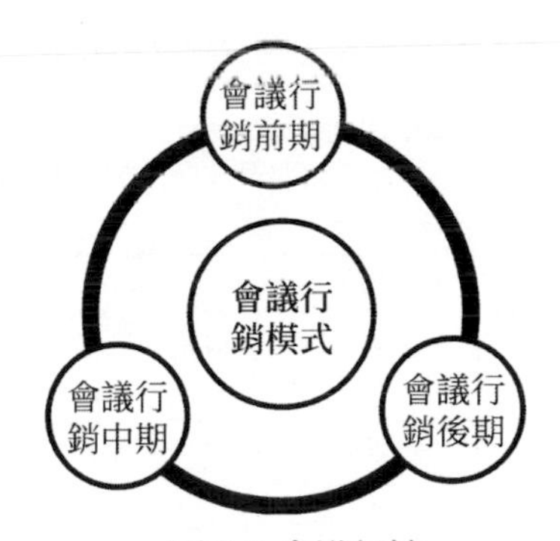

圖 8-2 會議行銷

當然，因為家居產品等級的原因，會議行銷也有高階和一般兩個層面。高階會議，主要針對人群是中產階級以上的個人和團體（如公司、組織、企業）；而一般會議則將直接面對最普通的消費者，所以在進行會議行銷時，也應有所區別。

會議行銷，高階產品推介的主流模式

我在前面已經說過，會議行銷可以分為高階和一般兩個層次。在接下來我先講一下高階行銷會議。由於高階行銷會議針對的客戶比較高階，因此對於這樣的高規格會議，就必須做好流程安排。

表 8-1 流程安排表

項目	工作內容及要求	負責人	備注
人員邀請	整理邀請人員名單，發送邀請函並確認與會人員		
會議場地	選擇並確認租用會議產品展示場地，並辦理相關手續，會場具有投影機等設備		
會議訂餐	在會場地點選擇並確認用餐場地，並辦理好相關手續		
資料準備	確認資料與禮品類型、數量		
產品及設備準備	確認需推廣產品的型號、數量即與推廣活動相關的設備，並將其運輸到指定位置		
項目	工作內容及要求	負責人	備注
會場布置	按照會議要求，擺放桌椅、展品、會議布條等相關準備工作		
會議接待	熱情接待來賓，登記來賓相關資料，並整理歸檔		
拍照攝影	根據宣傳的需要，選角度拍照。尋找機會拍照，錄製影片等		
項目	工作內容及要求	負責人	備注
撤場	按照型號、規格整理產品，包裝完整並運輸到相關單位		
客戶回訪	根據會議期間收集的資料，進行整理、歸檔		
宣傳活動	新聞稿撰寫、發布、媒體合作		
工作總結	相關資料歸檔，彙整工作報告，總結不足及改進措施		

當然，同時成立專案小組，也是非常有必要的。

（一）小組工作安排

1. 場布組（組長 XXX）

本組職責：

1. 確認會場租賃與物品供應。
2. 活動道具與器材的租賃和籌備。
3. 活動現場的場景布置與展示設計製作。
4. 活動相關的素材設計與製作。
5. 邀請函、會議資料、會議用宣傳品的設計製作。
6. 展品擺放及禮品、獎品的分裝、發放。
7. 禮儀、茶藝及現場工作人員調配。
8. 主持人、嘉賓的演說安排及講稿。
9. 宴會、酒水及車輛安排。
10. 活動現場的拍攝。

2. 行政組（組長 XXX）

本組職責：

1. 確定與會人員名單並加以追蹤核實。
2. 與會嘉賓的邀請和及時連繫。
3. 與會嘉賓的迎送接待。
4. 與會人員的照應和協調。
5. 嘉賓的活動安排與禮品發放。

6. 負責合作媒體的邀請與連繫。
7. 來訪記者的接待與安排。
8. 媒體採訪的監督和實施。
9. 新聞稿與採訪提綱的提供。
10. 媒體宣傳稿及活動報導的構思和撰稿。

3. 財務組（組長 XXX）

本組職責：

1. 專項活動費用的財務統計。
2. 現場人數、禮品的數目統計。
3. 其他物品的領用、登記、統計與核實。
4. 各類贈送禮品的準備、分包與統計。
5. 活動現場現金收支的供應、統計工作。
6. 媒體記者的稿費發放。

成立小組是為了把每項工作分配專責。而對於現場布置，也應有所講究。

（二）現場工作安排

1. 場外布置

1. 橫幅布條主題。
2. 升空氣球及飄帶。

3. 鮮花。
4. 禮儀人員。
5. 會場主通道沿途布置展板、展架。
6. 簽到及禮品發放處布置。
7. 櫃檯布置：設兩張檯面，分別為嘉賓簽到臺、媒體簽到臺，覆蓋紅色絨布；臺上物品：簽到簿兩本、名片盒兩個、指示牌 3 至 5 個。
8. 禮品準備：筆、問卷調查表、產品宣傳冊及資料、用餐分配表等用公司手提袋分裝好。
9. 人員配置：每張簽到臺一人，分別負責嘉賓引導和媒體的接待簽到，分發禮品袋等工作。

2. 場內布置

1. 中心舞臺。
2. 大幅主題背景板（會議主題、公司相關宣傳圖片）；
3. 演講臺及麥克風；
4. 嘉賓訪談座位；
5. 產品展示道具；
6. 音響裝置、筆記型電腦、投影機等。
7. 專家及嘉賓席（桌上擺放嘉賓姓名牌、茶具、筆記本、筆等）。

8. 記者席（指示牌及採訪提綱、產品資料、USB 電源等相關物品）。
9. 其他會席。
10. 會場兩側布置。
11. 茶藝區；
12. 展品區（海報展架、展品、禮品及獎品）；
13. 攝影機三腳座架、拍攝區域；
14. 配置禮儀人員、服務生等相關工作人員。

3. 宴會布置

1. 易拉展架、主題背景展板。
2. 主持人及嘉賓講臺。
3. 茶藝區。
4. 音響等相關裝置。
5. 自助餐區。

4. 活動資料準備

1. 邀請函。
2. 會議流程。
3. 新聞稿。
4. 長官歡迎詞講稿。
5. 專家演講稿。

6. 發言人的背景介紹（應包括頭銜、產業地位等）。
7. 公司產品宣傳說明資料（公司宣傳冊、產品宣傳冊等）。
8. 簡報檔及產品圖片等。
9. 手提袋、紀念禮品、展品、獎品等。
10. 空白信箋（筆記本）、筆（方便參會人員記錄）。
11. 企業負責人名片（會後進一步連繫方式）。

5. 會後總結與整理工作

1. 及時收集會中的問卷調查表，進行歸納總結，整理成冊，作為以後市場決策參考資料。
2. 收集整理媒體所發報告、專題及文章（報紙、錄影、圖片等），活動所有資料整理編輯，成冊歸檔。
3. 對本次活動進行評估，吸取經驗，找出問題與不足，寫成彙報報告，上交總經理審批。

以上是高階會議行銷的有關內容，相信你學習後會有所啟發。而接下來我再來說說平民階層購買的主要環節 —— 殺價會促銷。

殺價會促銷，平民階層購買的主要環節

目前來說，殺價會作為一種新型的商業模式，在國外已有業者開始使用。「殺價」很容易理解，但什麼是殺價會促銷呢？事實上，殺價會的形式很簡單，就是幾個家居建材品

牌組成臨時或長期的聯盟，從中選出一名總協調人，將各個品牌的資源進行有效的整合，將該市場的消費者集中到大型會場或會議廳，再請一名殺價師，透過殺價師與品牌代表互動的形式提供給現場消費者一個優惠方案，吸引到場客戶迅速下單，以達到產生最大銷量的目的。

「不求最貴，但求最好」是不少消費者的普遍購物心理，隨著生活水準的不斷提高，人們對於產品品質和售後服務的要求也越來越高。殺價會促銷就是在這種情況下應運而生的。殺價會有兩種形式：一是消費者自備殺價師與賣方殺價，這種效果最直接，但是一般規模較小，難以達到震撼商家的目的；二是團購主與廠商直接簽訂協定，廣邀客戶，然後聚集到一個固定的場所進行團隊的較量。

有關殺價會的詳細解析，筆者總結如下：

1. 殺價會流程

（1）聯盟商家建立

①品牌召集：

品牌召集（組織者）最好為兩個品牌，並確定好本次聯盟活動的策劃方案。

②要求：

A. 當地人際資源、廣告資源、召集能力等相對強勢；

B. 參加本活動的種類有：瓷磚、地板、櫥櫃、天花板、衛浴、木門、燈具、家具、油漆、窗簾、電器、家紡等，每個品牌為 1 家，8 至 10 家品牌最好；

C. 每個品牌需為當地產業前 3 名品牌；

D. 參加品牌意願強烈，品牌之間要絕對團結。

（2）集中召集品牌老闆開會

①宣誓：由發起本次會議行銷的團體進行開會的召集工作，讓所有參與本次活動的品牌表態，所有參與品牌必須團結，不能有私心，本次活動只能相互推薦本團隊中的品牌。

②擬定活動方案，並徵集建議，讓所有的商家必須認可活動方案。

③徵集活動所有資源，廣告擺放位置（參與商家必須提供 1 處廣告放置位置）、推廣人員（所有商家提供 2 名推廣人員），以及活動期間的贈品金額（達到 10,000 元），確定廣告的投放方式，及各個商家的工作分配。

④收取本活動的商家保證金。

⑤活動前各個商家需要注意的事項：

A. 堅守門市最低價，不得擅自改價成交；

B. 引導顧客到活動現場下訂單；

C. 邀請顧客帶周圍要裝潢的業主到活動現場；

D. 告知本次活動各個商家無權改價，廠商在活動當天公布價格。

（3）團購注意事項

1. 需確保本活動能正常進行；
2. 本次活動邀請周圍同品牌的經銷商過來幫忙；
3. 活動中所有參加團購殺價活動的品牌不得在活動現場發放宣傳單；
4. 在統一發放的宣傳單中不得夾帶與本次活動無關的品牌的宣傳單；
5. 不得在活動之前公布與本次活動有關的價格訊息，更不得提前告知本次活動的最終價格；
6. 廣告出來後各品牌將門市促銷價、特價一律取消；
7. 活動開始之前每個品牌把各自負責區域的環境整理乾淨；
8. 活動當天從簽到開始，各品牌老闆都在簽到處；
9. 活動過程中如發生意外情況，各品牌老闆只負責把控自己區域，可允許周圍的廠商老闆過來幫忙，其他區域的老闆則照看好自己區域，不得全部圍過來；
10. 活動過程中如有樣品需要搬上臺的，在規定時間內要迅速完成，展示好後盡快撤離；
11. 活動開始後老闆都不得簽單，簽單任務交給工作人員做；
12. 在簽單過程中，老闆在人群外圍，防止有同業在其中搗亂；發現有這種人在的話，第一時間把他從人群中找出來；

13. 活動時盡量不要跟業主講解產品，盡快在短時間內收取定金，完成訂單最好在門市執行，活動當天只收取定金，憑當天繳納定金的單子即可享受本次活動的工廠直供價；
14. 簽單人員必須收到定金後方可將單據交給業主。

2. 殺價會基本規則

說完了殺價會流程，接下來我們再來看看殺價會的基本規則：

1. 本次活動價格為當地最低價，如不是最低價，將一倍差價賠償給業主；
2. 與各大品牌工廠之間簽訂協定，本次價格為工廠直接供價，品牌經銷商在當地為業主做好該品牌的售後服務工作，如送配貨、測量、設計、安裝等服務工作；
3. 本活動專用收據為一式三聯，第二聯與第三聯交與業主，第三聯投放到殺價臺抽獎箱，可參與最後大獎的抽取；
4. 現場所下訂單如中獎的，定金不退，獎項金額超過定金的，須補足獎項金額方可將獎品帶回；
5. 為促進本活動順利進行，將市場最大化運作，讓參與商家能最少投入，利潤最大化，特制訂本品牌聯盟公約。

3. 殺價會活動推廣階段細節

都說細節決定成敗，所以在殺價會推廣階段，還要特別注意以下細節：

1. 準客戶收集；
2. 銷售聯盟卡；
3. 關鍵場所設點；
4. 廣告投放；
5. 人員激勵與落實培訓；
6. 每天的會議，將每天的實際工作情況進行簡訊通報；
7. 推廣活動約 15 天左右，推廣期間所有人員不允許請假；
8. 廣告投放方法及廣告投放內容：

①擺放橫幅、充氣拱門。

內容：裝潢建材家具，X 月 X 日 12：30 —— XX 一起團購去。

②電視滾動字幕（7 天）。

內容：裝潢建材家具，X 月 X 日 12：30 —— XX 一起殺價去。知名品牌，超狂價格，工廠老闆現場公布，液晶電視等你拿，還有現金抽獎。機會難得，這次不買，再等 10 年。

③戶外廣告（每個品牌戶外位置臨時徵用）7 天。

內容：統一畫面。

④宣傳單。

內容：統一畫面。

發放要求：

A. 各品牌抽調人員統一發放；

B. 所有沿街店面必需發放；

C. 所有小學、幼兒園放學時發放；

D. 所有菜市場發放（上午 8：00 之前）；

E. 當地批發市場攤位；

F. 所有加油站；

G. 所有補習班；

H. 發放時必須詳細講解活動規則。

⑤宣傳車。

內容：統一畫面。

要求：

A. 頭尾必須有人跟車；

B. 時速不得超過 20 公里；

C. 不允許分開；

D. 活動前 2 天分兩組，跑周圍能覆蓋到的鄉鎮。

⑥門市截流（店面未成交客戶）。

各品牌從廣告出來之日起停止銷售，將顧客往團購會現場引導，告訴他們從未有過的廠商超低價，登記業主資料。

⑦報紙廣告。

當地主流媒體，週二、週四，半版廣告；派報週一、週三發放（內容為第四點宣傳單）。

⑧活動前一天下午，各品牌再電話通知登記的業主，並告訴他們可以把周圍要裝潢的親朋好友一起帶過來。

當一切準備活動就緒後，就迎來了當天的殺價會。殺價會的流程為：業主簽到→領取資料（抽獎卡）→進入會場→等候殺價→殺價過程中現金抽獎→簽單→抽獎聯投入抽獎箱→殺價結束後最終抽獎領取禮品→前 500 名領取精美好禮→活動結束。

當然，在殺價會現場，一定要做好這幾個關卡：品牌宣傳要到位、產品展示要到位、購買氣氛炒到位、殺價師殺價到位、疑難問題解答到位、現場簽單速度到位、現場銷售人員銷售技巧到位。否則，殺價會就不能做到盡善盡美。

將新媒體傳播引入其中

隨著時代的發展，我們已經進入了一個新媒體大量湧現並蓬勃發展的時代，網際網路、手機、大樓電視牆、車輛移動電視……新媒體不僅以排山倒海之勢充斥著我們的眼球，並且在競爭激烈的行銷市場上颳起一陣陣旋風。

要知道，在如今這樣一個新時代，新媒體傳播已逐漸成為與消費者溝通的重要橋梁。現在幾乎每個人都有手機，幾乎每個人每天都要上網，而通訊軟體更是有無數人在使用。所以，如果你能夠將新媒體引入會議行銷的話，那麼效果一定會更好。

由於新媒體的受眾大部分都是年輕人，而年輕人更是一支強大的消費軍，因此如果將新媒體傳播引入會議行銷模式中的話，一定會使年輕消費者趨之若鶩。

總之，新媒體的異軍突起使大眾媒體的強勢地位正在分化瓦解，而如果你想一直立於不敗之地的話，那就應該與時俱進，緊跟時代潮流。

第四節　社區與樣品屋推廣

我常常用「巷戰」這個詞來比喻家居門市在社區間的推廣。「巷戰」，一般也被人們稱為「城市戰」，這是因為巷戰是在街巷之間逐街、逐屋進行的爭奪戰，發生的地點通常都是在城市內。其顯著特點：一是敵我短兵相接、貼身肉搏，殘酷性大；二是敵我彼此混雜，危險性強。當家居門市的行銷直接做到社區內部時，亦是如此。

關於「巷戰」的戰術應用，如圖 8-3 所示：

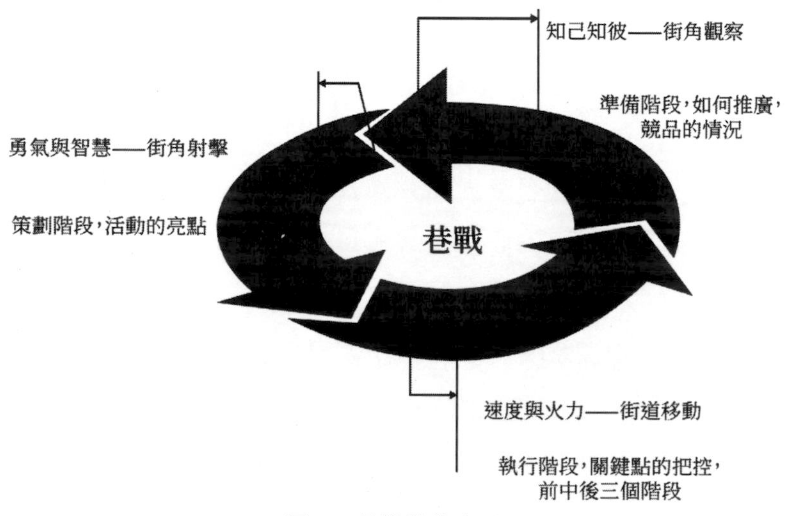

圖 8-3 巷戰戰術應用

可以說，社區推廣和樣品屋推廣是「巷戰」的兩種形態。而為了讓你更加詳細地了解這兩種「巷戰」形態，接下來我便會一一闡述。

社區推廣

由於目前家具產業受同質化、各市場規定不一、競爭等多因素的影響，傳統的行銷方式對促進銷售的作用越來越小，更多的是虧本賠錢，更別說產生長遠的品牌影響力了。同時，家具產業的市場競爭卻是越來越激烈，如果你想一直立於不敗之地，如果你希望實現業績成長的持續發展，那麼就不能只是在門市守株待兔，而是要主動走出去，要從被動銷售轉向主動行銷，從售貨員更新為銷售人員。

說到這裡我希望你能明白：你的顧客從哪裡來，你的主戰場就在哪裡。因此，家具銷售的主戰場並不是在賣場、在門市，而是在店外。尤其現在的顧客，大多在購買家具時都不再是直接到賣場選購，而是在選購前先收集相關訊息，直到自己對喜歡的品牌、風格、款式等都有了大致的了解後才會最終確定購買目標。

而顧客收集訊息的管道無非就是透過廣告、親朋好友推薦、宣傳單，或者是樣品屋等，當然，網際網路也是一個管道來源。正是由於顧客收集訊息的來源太廣、太繁雜，所以你才要讓顧客能夠比較集中地獲取到有關你的家居門市的訊息。為了達到這一目的，你就必須要深入到顧客的生活中去。而顧客的生活在哪裡？當然就是社區。

如果你能夠透過社區推廣，使得自己的家具品牌深深植入到顧客的腦海裡，那麼當顧客需要購買家具時，第一個想到的就是你。

（一）社區推廣策略

至於社區推廣的有關策略，我總結如下：

1. 變被動為主動，推廣人員應深入社群，主動讓品牌和消費者提前見面；

2. 主動了解顧客的需求，為顧客提供專業家具購買諮商；
3. 與消費者親密接觸，建立良好的客情關係，讓良好的品牌形象提前植根於消費者心裡；
4. 活動開始第一時間告知消費者優惠訊息。

（二）訊息收集

說完了社區推廣策略，接下來我便再來說一說正式開始前的準備，也就是在對新社區進行調查時需要收集的訊息：

1. 房地產分布、建商名稱；
2. 房地產性質：大坪數多、小坪數多、商辦合一、辦公大樓；
3. 建築類型：高樓層、超高樓層、透天；
4. 社區等級：高等、中等、低等；
5. 房地產的實際位置、建築面積；
6. 房地產的開賣時間、單價、戶數、主推面積；
7. 房地產的銷售情況及目標客群；
8. 房地產的交屋時間及目前裝潢情況；
9. 大樓保全公司名稱、保全主管的連繫方式；
10. 可否直接進駐宣傳；
11. 進駐的裝潢公司名稱；
12. 有無競爭對手提前進駐；
13. 其他可獲得的訊息。

當然，有條件的家居門市可製作房地產分布圖，以便直接了解房地產分布情況。

（三）人員

1. 實行店長負責制，由店長統籌負責推廣的策劃、執行和追蹤；
2. 將現有銷售人員分為 2 人一組，確定所負責的區域及房地產名稱；
3. 老闆要撥付公關經費，並協助推廣人員完成公關，與大樓保全、管理員保持良好的關係非常重要；
4. 為有效的推廣，建議增加人員編制。

（四）推廣方案

以上這些準備工作都做好以後，接下來要做的事就是制定推廣方案。而推廣方案又可以按照兩種不同的劃分方法細分如下：

1. 按社區性質細分

1. 由於社區鄰里相互之間都很熟悉，因此在做活動推廣時，可以透過口碑傳播，以達到人傳人的效果；

2. 而有些社區，平時鄰居接觸較少，其突破點就只能是和管理員、物業聯合做推廣，如與物業一起合作，召集專家舉辦免費的家居知識講座，並隨機推廣產品及品牌。

2. 按社區時間細分

1. 對於建設時間較早的社區，消費者購買家具多為二次購置，這就需要做好單一使用者的服務，以達到效果。如果該社區具備較大的銷售潛力，就需要先派推廣團隊到社區，了解社區住戶購買家具產品出現的各種問題，並召開懇談服務會，然後再做產品推廣。
2. 對於新建設的社區，由於其消費潛力巨大，則可以選擇定位推廣，以達到立竿見影的效果。此外，在實際推廣中，要注重透過正在使用本品牌產品的使用者向左鄰右舍推廣，這樣可以有榜樣作用，並能得到事半功倍的推廣效果。

樣品屋推廣

常言道：「三分人，七分妝。」不管是人還是房子，無論底子有多好，都需要包裝。好的房子量身打造才是精品。要知道，買一次房子不容易，裝潢一次也不容易，因此顧客在買家具時會特別用心。

如今的家居門市中，精品樣品屋已越來越受顧客的歡迎。因為透過樣品屋的展示，顧客可以真切感受到一種良好的居家氛圍。如果你想吸引更多的顧客，就可以打造精品樣品屋以供顧客欣賞和參考。

當然，樣品屋的打造可以選擇在自己的賣場裡，但如果你想造成事半功倍的效果，那就最好和社區合作。

那麼，要如何和社區進行合作呢？

（一）與社區的合作方式

1. 可選擇與一些知名裝潢公司聯合進駐。利用裝潢公司租用的門面，占用一角擺放產品宣傳資料與樣本。與裝潢公司商量好，要求設計師協助進行產品導購。每成交一單，給予設計師／裝潢公司一定金額的傭金。例如，在樣品屋內部放置提示牌「本樣品屋家具，由 XX 家居提供」。
2. 與建商聯合推出買房送家具活動，門市以一定折扣向建商提供提貨券，由建商與門市結算。
3. 建案一般都設有樣品屋，其中的戶型設計都擺放有家具模型，以營造出溫馨的居家環境。我們可與建商連繫，將家具模型印上品牌的標誌，以進一步宣傳品牌。
4. 社群平臺上進行立體化品牌宣傳，如在社區綠化地、入戶門口安全提示牌和社區座椅等地方進行品牌植入宣傳。此外，還有公益廣告。例如，贊助製作社區樓層牌、門牌號碼、電梯間內的宣傳海報、公益標語，贊助製作社區公益宣傳牌、告示欄、指示牌、廣告電子時鐘、社區座椅等。

5. 在操作時，還要注意以下幾點：

A. 操作樣品屋推廣要找到與房地產的合作時點，需在銷售階段進入，透過房地產樣品屋實景氛圍，讓潛在顧客感受真實家居氛圍，建立顧客對品牌與產品的良好印象；

B. 任何運作的最終目的都是銷售，可與房地產聯合進行買房送家具、專場團購、發放禮品及購物券等方式，促成顧客簽單銷售；

C. 最大幅度提高客單量，針對同一房型推出高、中、低三種套餐組合，並製成效果圖，分別陳列在樣品屋內、接待中心和門市供客戶選擇。

（二）樣品屋員工管理

當然，既然要打造精品樣品屋，那麼必然就需要樣品屋員工，而對樣品屋員工的績效考核調整如下：

1. 保持現有抽成制度，推廣訂單增加 1.3% 至 1.4% 抽成。其中 1% 業績抽成由小組成員平均分配；0.3% 作為餐費和交通補貼，根據出勤天數補貼，0.1% 作為店長管理抽成。
2. 小組成員輪流駐守社區，成員每出勤日須有半天在所負責的社區出勤，並與基本薪資和銷售業績分配掛鉤。

①實際應得基本薪資＝基本薪資＋月應出勤天數 × 實際出勤天數；實際出勤天數＝店內出勤（每個工作半日記 0.5 天）＋社區出勤（每個工作半日記 0.5 天）。

②推廣業績薪資＝總社區抽成薪資＋（2× 每人每月應出勤日）× 月實際出勤日。

（三）樣品屋推廣策略

當樣品屋打造好以後，接下來要做的就是樣品屋的推廣了。以我多年的經驗所總結的樣品屋推廣策略如下：

1. 成為顧客的裝潢和生活助手，幫助顧客獲得高品質的家居生活，變推銷產品為推銷個人；
2. 成為顧客專業的裝潢與家具搭配顧問，變銷售家具為提供家居方案；
3. 向顧客提供單獨享受的優惠政策與服務，讓顧客享受貴賓級服務。以上便是樣品屋推廣的相關內容，如果你能做得好的話，口碑自然會在社區內一傳十、十傳百，那麼自然就會顧客盈門。當然，以上這些只是一些理論，可能有不少老闆仍會覺得對實際執行沒有太直觀的概念。所以，接來下我便以國外案例，對其樣品屋的推廣做一個大解析。

案例：

一、背景分析

1. 從市場需求的角度看，該地區屬於郊區，在此置產的顧客多屬以時間換空間和投資置產，客觀上對大戶型的需求量大，對小戶型需求量相對較小；
2. 對小戶型的功能而言，不論是過渡時期購房還是投資購房，其目標顧客都是事業發展期的年輕消費者，故在小戶型的宣傳和行銷組合上，要滿足年輕購房者的心理需求和物質需求；
3. 對首次置產的年輕購房者來說，他們嚮往便捷、高品質的生活，但其事業處於發展初期，支付能力有限，因此同時滿足「方便、高品質、低首付」是對這一團體有力的賣點；

二、建議思路

1. 在小戶型的行銷訴求上，建議以「大社區、高品質、低首付，投資居住皆宜」為訴求點，滿足目標顧客的心理需求和支付能力；
2. 在提升房地產人流量上，建議限時限量推出超低特價房，刺激顧客到現場體驗、感受郊區的品質，提升產品的銷售；
3. 首次置產的顧客在裝潢和買家具等後續支付上有較大的壓力，因此建議貴公司宜聯合相關產業知名品牌提供後續的消費商品作為贈品，即可以較小的推廣成本獲得最大的推廣效益。

三、建議方案

1. 建議主題

1. 輕鬆置產高級社區；
2. 購房就送全套家具。

2. 建議方案

（1）活動內容：

①推出兩種不同風格配置的整體家具，活動期間簽訂購房合約的客戶可獲贈全套家具。

② XXXX 元／每坪，每日限一戶（不享受家具贈送）。

（2）操作辦法：

我們推廣三種搭配風格的整體家具套餐，顧客選擇整體家具就選套餐。同時顧客可選擇等值的家具購物券，在規定時間內到家居門市選擇等值商品。

3. 門市支持

家居門市按照套餐價格或購物券面值的 6.8 折向貴公司提供產品或現金券，我司憑客戶訂貨憑證與貴公司辦理結算，產品安裝和售後服務由家居門市負責。

4. 家具配置

家具搭配方案如表 8-2 所示。

表 8-2 家具搭配方案

型號	名稱	價格(元)	型號	名稱	價格(元)
方案一(面積20坪，戶型：一房一廳一衛)			方案二(面積20坪，戶型：一房一廳一衛)		
2B028	1.8公尺床+2個床頭櫃	3280	S605	電視櫃	2850
2B028	五門衣櫃	3580	S391	茶几	1100
2B065	電視櫃	1580	K628	布藝沙發	7920
2B391	茶几	1100	S503	餐桌(1+6)	3980
K98	布藝沙發1#	6380	S003	1.8公尺床+2個床頭櫃	3850
2B051	餐桌(1+6)	4180	S003	兩門推拉衣櫃	5500
2B031	鞋櫃	1080	S301	鞋櫃	1050
	合計	21180		合計	26250

型號	名稱	價格(元)	型號	名稱	價格(元)
8505	餐桌椅(1+6)	3500	3B502	餐桌椅(1+6)	5460
8502	餐邊櫃	1250	3B501	餐邊櫃	1670
8301	鞋櫃	1100	3B301	鞋櫃	1210
8381	四層櫃	725	3B381	四層櫃	790
650108	布藝沙發	7040	61056	布藝沙發	8560
8329	茶几	1200	3B392	茶几	2620
8808	床+2個床頭櫃+五門衣櫃	6610	3B009	床+2個床頭櫃+五門衣櫃	7090
8601	客廳電視櫃	1560	3B605	客廳電視櫃	1890
8606	臥室電視櫃	900	3B601	臥室電視櫃	790
8321	穿衣鏡	920	3B321	穿衣鏡	1160
	合計	24805		合計	31240

圖 8-4 樣品屋臥室效果圖

四、交屋時聯合推廣計畫

1. 活動目的

1. 家居門市和 XX 物業共同完善社區的提示標牌，共創和諧社群，提升服務價值。
2. 透過聯合家居門市向業主提供免費家居設計參考方案、現場家具諮商、禮品、現金券等增值服務，提升顧客滿意度。
3. 現場開通往返社區及門市的直達車。

2. 活動內容

（1）公共區域標示牌（此物由我司贈送）。

1. 公共綠化區域提示牌；
2. 社區座椅提示牌；
3. 警示標語。

（2）交屋當天現場活動（此物由我司贈送）。

圖 8-5 樣品屋客廳效果圖

①交屋處，我司向貴公司提供如下禮品派發給顧客：

A. 每個戶型提供參考設計圖 3 張。

B. 價值 5,000 元的免費家居設計優惠券一張。

②我們在現場設置家居諮商處，向顧客提供現場家居諮商：

A. 禮品贈送：精美禮品一份；購物券 5,000 元。

B. 諮商專案：家居現場諮商；優惠政策諮商；諮商與資料索取。

C. 相關資料：企業簡介、大事記、優惠活動、樣品屋看牌。

D. 相關人員：家居設計師 1 名；現場接待人員 1 名；家居顧問 2 名。

第五節　推廣行銷

現在是一個走出去尋找機會的年代，我們不能還墨守成規地在家居門市裡等生意，那樣只有死路一條！家具市場是紅海市場，是拚價格、拚服務、拚人才的時候。只有走出去了，你才能看清目前的市場狀況，深刻體會到目前家具市場的競爭是多麼激烈。

正因如此，所以我們才要做推廣。而其實我在前面所講到的節假日促銷、會議行銷、社區推廣、樣品屋推廣等都屬於推廣模式中的一種。

究竟為什麼，我們要做推廣

事實上，一個家居門市是否是一個良性發展的店面，是否是一個有前途的店面，衡量起來主要有四個標準：

- 人流量決定銷售量（店面位置）；
- 有衝擊力的視覺基礎（裝潢與裝飾）；
- 提升單品銷售量（技能技巧）；
- 提升整體銷售量（團隊與管理）。

我們做推廣就是為了解決以上這四個標準中的首要問題，即人流量的問題。請你想像一下，如果你的店面人流量像菜市場一樣絡繹不絕，你覺得你的生意還會不好嗎？

要知道，隨著家具產業的競爭日趨激烈，各廠商都越來越重視店面行銷管理，不斷提高店面裝潢等級，並加強店面產品陳列、提升銷售人員水準，這些措施在提升店面競爭能力方面有非常重要的作用。但隨著商家店面行銷水準的全面提升，單獨依靠店面銷售的傳統模式，已經很難適應競爭日益激烈的市場要求；由於訊息感知的落後，再加上店面輻射範圍能力有限，單靠店面銷售已經越來越難以創造出輝煌的銷售業績。因此，我們迫切需要一種新的行銷模式 —— 推廣行銷，來彌補店面行銷的缺點與不足。

家具產業的推廣可以分為以下三個階段：

- 初級階段——訊息告知，配合店內促銷（配合開店促銷、週年慶、節假日促銷活動等）；
- 中級階段——促銷活動，獨立進行促銷（會議行銷／團購活動）；
- 高級階段——家居規劃，獨立達成銷售（樣品屋推廣）。

其實做這些推廣活動的目的就是要增加你的曝光度，使顧客在需要買家具時第一個就能想到你。要知道，推廣行銷既可加大品牌推廣力度，又可增強店面銷售業績，還能增強店面輻射能力。

總之，推廣可以使你的門市受益無窮。當然，在做推廣行銷時，要注意的細節也有很多，下面我便一一講解。

確定推廣操盤手

雖然推廣並不是一件複雜的事，但在實際操作中卻有不少細節問題不容忽視。例如：

A. 在推廣的過程中切忌以固守思維開展推廣，社群環境不同，推廣方法也應不同；

B. 銷售與推廣切忌各自為戰，兩者必須高度統一；推廣必須進行充分的訊息收集（含競爭對手訊息），制定出更有針對性、更有效的推廣策略與計畫；

C. 傳播手段必須圍繞一個策略與主題去有機地組合與推進；

D. 必須高度重視人員組織與動員，明確各自職責與分工；

E. 要確定好推廣操盤手。

當然，以上這些細節也只是推廣中需要注意的一部分，我接下來便講講確定推廣操盤手的有關內容，希望各位老闆在學習後能做到心中有數。

1. 推廣開始前 15 至 20 天前確定為宜

操盤手需要有豐富的推廣促銷實務經驗，要全面了解各個環節，對於資源流程、節奏把控要嫻熟自如，要能從容、合理地處置各種突發事件，能充分說服經銷商百分之百認同方案，並不折不扣地堅決執行，能對銷售人員實施良好的激勵與管理。總而言之，推廣操盤手對本次促銷活動擁有最高指揮權，也承擔一切相應責任。

2. 團隊分組與智慧確定

（1）顧客收集組

參加開店銷售的全部銷售人員數量，建議按照每人 150 平方公尺設定。這些人的主要職責如下：

1. 負責完成目標社區及所有目標顧客的資料（包括新舊顧客）收集，填寫顧客資料卡，收集顧客手機號碼；
2. 完成宣傳訊息傳達（包括社區廣告的張貼、DM、活動紙巾的發放，透過電話或簡訊進行活動參與有效邀請，如邀請函及優惠券的送達等）；
3. 在活動結束後，將舊客與新客訊息進行有效的整理、統計，並完成登錄，形成門店顧客資料庫。

當然，目標顧客訊息收集並不是一項短期工作，而是一項長期的、系統的工作，需要老闆從一開始就介入並主導此工作的開展，並藉助自身資源不斷完善訊息庫。

（2）廣告投放組

對廣告投放組人員的要求是：對當地各方面比較熟悉，如市場調查人員、推廣人員。至於人數，一般來說，一個人就夠了。當然，如果有演出活動的話，則可以再增加一人。其職責如下：

1. 負責完成針對目標客戶群的各種媒介廣告的製作和釋出（包括大型戶外路牌、看板廣告、車身、社區、電視、廣播、遊行車輛廣告等的製作與投放，維護其正常釋出，要防止被破壞）；
2. 負責完成開店所需全部素材的準備工作（宣傳品、促銷禮品、銷售助成物等追蹤、保管、發放管控）；

3. 負責其他以聚眾、宣傳為目的的活動策劃及執行。例如，以聚眾宣傳為目的的文藝演出活動，還需負責組織、實施演出（及開店剪綵儀式）的物品籌備、節目安排、人員調動，以及保全人員的落實；
4. 負責促銷過程的拍照、攝影以及後期的宣傳報告工作，並邀請媒體前往報導採訪。

（3）產品組合及賣場布置管理組其主要職責如下：

1. 對賣場內外產品或裝飾品，根據促銷活動的需要，進行產品結構，布局陳列及價格調整。
2. 負責賣場內燈光的除錯。
3. 負責賣場裝潢或產品氣味的去除。
4. 生動化的布置賣場，確保賣場氛圍熱烈、豐富、喜慶，充滿促銷氣氛。

（4）後勤管理組其職責如下：

1. 負責銷售人員、周邊觀摩經銷商及其他主管、來賓的接待、食宿、行程安排，確認住宿、車輛、培訓場地等相關後勤工作，負責與會人員人身、財產安全；
2. 負責現場安全、財物維護、賣場清潔、現場物品維護等所有後勤管控和保障。

（5）人員組織培訓

負責銷售團隊的組織和培訓，包括銷售態度、技巧、狀態等的系統培訓，特別是開店前一天晚上的目標激勵及統一銷售話術培訓。

（6）現場銷售管理組

1. 對銷售各流程進行全盤管控（此也為機動組），制定接待流程、簽單流程、收款流程等銷售流程和管控；
2. 負責各流程出現的意外現象處理和應急危機處理，及時制止競爭對手可能出現的破壞活動。

（7）接待問答組

負責落實促銷期間的貴賓（新舊準顧客、當地政府機關人士及產業聯盟內人員）接待工作和現場諮商問答工作。

（8）收銀組

1. 負責核單、現金收取、記帳，並作好開闢臨時收銀區的準備與人員儲備；
2. 一般情況下，收銀員需要兼顧完成記帳工作；
3. 核單與收銀應分設不同人完成，收銀建議邀請銀行人員配合；
4. 另可開設「VIP 通道」進行大單、大款收銀，由專賣店老闆或親信人員擔任。

（9）禮品發放組

1. 負責完成抽獎活動的實施、獎品發放、管理，並作好備案；
2. 負責新舊顧客及嘉賓禮品的發放、管理，並作好相關備案。

當然，也可根據情況，分設抽獎組與禮品發放組。

（10）演出組

本組在有規劃晚會的情況下產生，主要負責晚會與開業典禮的舞臺設計、搭建、演出節目、煙火、禮品等，要確保演出順利，要安全、熱烈。

（11）後勤保障組

1. 做好車輛動線安排，現場秩序維護、財物維護、賣場清潔、現場物品維護，及工作人員和消費者飲食等後勤保障；
2. 提前做好收銀裝置（點鈔機）、刷卡 POS 系統的準備、除錯。

以上這些任務安排雖然都很煩瑣，但卻是你在做推廣之前必須要想到的細節。要知道，有時候細節決定成敗，你只有把每個細節都做到完美了，才能確保活動順利進行。千萬不要因小失大。

活動方案確定

當推廣操盤手確定以後，接下來就是推廣方案的制定了。要知道，一個有效可行的推廣方案是整個活動成功的保證之一。正因如此，活動方案的確定一定要嚴謹，要具有合理性、轟動性及可行性。而方案一旦確定，就絕不允許擅自更改。因為活動方案就是一面旗幟，如果旗幟的大方向改變的話，整個團隊的工作就會變得混亂起來。

既然活動方案的確定如此重要，那麼要注意哪些細節呢？以下便是我多年經驗的總結：

1. 確定促銷時間及促銷天數

1. 明確促銷的日期（選擇週六為宜，週日次之，週五再次）；
2. 明確促銷活動持續時間（2 至 3 天為宜）。

方案編制特別說明：促銷方案在制定中，要力求賣點訴求清晰、活動易於理解傳達、參與簡單易操作，活動專案不宜過多，以 4 至 5 個為宜。

2. 確定促銷活動形式

為展現驚爆促銷，促銷形式以特價及其衍生形式為主（具體形式專案的增減根據當地市場狀況確定），其中包括對特價產品的價格及數量的確定。

3. 確定促銷營業額目標

推廣操盤手要與老闆根據當地市場狀況確定，目標分為基本目標與最高目標。當目標確定以後，要將其分配到每個小組，甚至明確分配至個人。

4. 確定促銷籌備工作時間安排

製作一個時間安排表，明確每個時間要完成哪些事情。

5. 確定促銷培訓專案計畫

為了促銷活動的順利進行，事先要對相關人員進行培訓，培訓內容包括禮儀、流程等細節，要統計好參與人數，做好時間安排，確保相關人員都能按時參加。

6. 明確銷售人員激勵、獎勵辦法及政策

這一項由之前確定的推廣操盤手與老闆確定。激勵政策以組為單位制定，按銷售額的不同，劃分不同獎勵標準。其中可以包括單品獎勵、大單獎勵等。

7. 明確促銷廣告釋出媒介／形式／時間

所有促銷廣告由操盤手根據當地媒介環境與市場競爭狀況確定釋出、實施時機。不過，我的建議是，戶外、車身、電視、貨車等廣告宣傳要以統一的主題、畫面及文字內容出現，以發揮整合傳播優勢。

8. 明確促銷所需材料／數量／到位時間

規劃材料素材，所有素材、禮品在促銷前 10 天到位。

9. 明確促銷演出表演、剪綵儀式時間／場地／節目內容

這項由演出組負責落實、實施。老闆負責邀請嘉賓，確定演出場地。

10. 明確門市賣場氛圍布置方案

確定賣場氛圍營造方案，按照時間推進計畫並落實人員安排。賣場氛圍布置在促銷前兩天完成。

11. 明確門市備貨要求／現金儲備要求

確保活動產品、物資、現金充裕，只有這樣，活動效果才能有保障。

目標客戶群尋找

一旦活動方案確定下來，接下來要注意的細節就是目標客戶群的尋找了。一般來說，正在裝潢、三個月內準備購買家具、還未購買的準客戶，以及以往購買了家具現在又有新的家具購買需求的老客戶等應該是你的目標客戶群。對於這部分客戶，你的推廣就比較容易。

然而，既然我們是以促銷活動在做推廣，那麼自然不能

只滿足於擁有以上這些客戶群，而應該面向更多有購買家具需求的潛在客戶。如果想實現這一點，那就必須在活動開始前兩週透過各種手段來尋找潛在的目標客戶。其方法如下：

1. 透過 DM、小紙巾（印製活動內容）、邀請函禮品、優惠券等準備進行資料有效收集。
2. 透過門市以往銷售記錄進行老客戶資料收集整理。
3. 透過老闆的社會資源獲取目標客戶的名單與連繫方式（手機）、住址。
4. 安排人員前往區域內所有新建社區、成熟社區，逐戶進行訊息收集、整理、登錄，同時應將客戶分為新客戶、舊客戶分別登錄。
5. 安排人員在政府機關、公司單位辦公區域，以及當地各產業商圈及交通要道等地進行客戶訊息收集整理。
6. 透過老闆的社會資源尋找家居產業鏈異業聯盟（婚紗攝影、建材、地板、衛浴、家電、紡織品等），獲取相關客戶資料。
7. 以門市為中心，由近及遠，依次對周邊新社區進行全面的調查。

   ① 明確新社區的性質。

   ② 該社區客戶的消費潛力，一般來說高級住宅區的消費能力強。

③ 房地產的裝潢和入住狀況，房地產在建設銷售期間和交屋集中裝潢期推廣價值最高。
④ 宣傳的費用情況，每戶單位成本越低，推廣價值越高。
⑤ 預計可達成的銷售額。
⑥ 根據社區的實際情況制定推廣策略。

在這些工作都做完以後，接下來不容忽視的細節就是廣告宣傳了。廣告宣傳的目的是為了掃除當地的品牌認知盲點，要在當地消費者心目中樹立品牌形象。至於廣告形式，則可以根據實際情況進行選擇，但不管選擇哪種形式，廣告內容都要能給消費者一種巨大的衝擊力。只有這樣，在做活動推廣時，才能吸引到更多的顧客。

此外，在活動當天，為了能匯聚更多的人氣，活動折扣的力度一定要大，要讓顧客感到實實在在的瘋狂折扣、貨真價實的「實惠」。只有讓顧客感受到物超所值，你的銷量才能上去，你的品牌知名度才能提高，這次推廣活動才算辦得成功！

現場排程與管理

現場排程與管理也是一個不容忽視的細節。如果出現大的紕漏，之前所有的努力都打了折扣。

所以，在活動現場，所有工作人員都必須恪盡職守。要知道，假如有一個人在關鍵時刻出錯的話，就會影響整個團隊的工作。當然，要想保證每個人在現場都不犯錯，那就要對現場工作人員提前進行一次培訓。而且在活動當天，也要做好整個團隊的激勵工作，要讓推廣人員一直保持高昂的工作熱情。

此外，活動現場的產品組合及賣場氛圍的營造與管理，也是需要提前就做好相關準備工作的。具體細節，我總結如下：

表 8-4 提前準備表

<table>
<tr><th>時間</th><th>內容</th><th>廣告</th><th>物料(根據需求選擇)</th><th>備注</th></tr>
<tr><td>前6天</td><td>完成所有賣場內及周邊廣告、促銷物的設計</td><td rowspan="4">賣場附近橫布條、背板繪製(品牌形象／公司簡介／品牌榮譽／服務理念／卓越工藝)、標示貼紙、充氣拱門</td><td rowspan="4">榮譽獎牌(通過XXX認證、永續標章)、品牌授權證書、小禮品、筆電、氣球、抽獎箱、公布欄、抽獎券、優惠券、邀請函、晚會入場券、DM、海報、旗子、X展架、特價標籤、工作證、制服、手提袋、雨傘、紙巾、產品展示牌、賣場講稿(品牌簡介、活動內容講解、迎賓詞、抽獎詞)、賣場背景音樂、瓶裝水、音響系統、麥克風、花籃、立牌、投影機、簡報</td><td rowspan="4">所有素材均以引爆促銷為主題，進行統一，做到畫面一致、資訊一致、風格一致</td></tr>
<tr><td>前3天</td><td>完成所有賣場內外廣告的製作、懸掛發布，完成所有家具、裝飾品的擺放布置，完成燈光的測試</td></tr>
<tr><td>前2天</td><td>完成所有物品的入庫、到位</td></tr>
<tr><td>前1天</td><td>完成所有物品的擺設、布展</td></tr>
</table>

最後，當活動結束後，不要以為緊綳的一根弦就可以放鬆了，因為促銷結束後還有一系列的後續工作需要做。例如，要及時兌現對顧客的承諾；要追蹤未成交顧客等。當然，最不能忽視的，也是最重要的一點，就是對此次推廣活動進行總結。因為只有適時總結經驗及教訓，你才能在下次的推廣活動中做得更好。

第九章
做好核心服務，滿足客戶需求

作為一名家居建材門市的老闆，你每天都要面對形形色色的客戶。這些客戶的年齡、性格、喜好可能是完全迥異的，但他們都有著相同的需求——他們需要你的產品。那麼，如何才能準確掌握他們的需求呢？這就需要你去揣摩客戶的心理，學會「讀心術」；懂得抓住客戶的心，練就「動人術」。而且，僅僅把產品銷售出去並不代表交易的結束，你還要想方設法籠絡住客戶的心，做好售前、售中、售後的服務。

第一節　理解客戶的購物價值觀

什麼是購物價值觀

說到這個購物價值觀，我覺得要從人的價值觀開始說起。信念的形成會影響人的價值觀，而人的價值觀會影響一個人的行為方式。在銷售的過程中顧客為什麼會做出各種的行為呢？顧客購物的時候就一定會有購物價值觀，這個購物價值觀就影響了人的行為。

在日常經營中，很常見的一種情況就是，顧客一進店就會說「隨便看看」。因為顧客在裝潢的時候不怎麼懂，本來預計 10 萬元的裝潢，結果花了 20 萬元。所以，到了買家具的時候就特別小心，根本不願意和銷售人員溝通。很多人願意花幾萬元裝潢，可很少有願意花同樣的錢買家具的，這也是購物價值觀所影響的。

人們之所以會這麼想，就是因為他們覺得至少要過幾年甚至十幾年才會再換裝潢。然而，家具不是也要用很久才會更換嗎？其實家具的使用頻率要比裝潢的使用頻率高出太多了！

一個會與顧客溝通的銷售人員，一定要知道顧客在想什麼，買家具的時候在乎什麼。顧客關注價格，你就一定和他說價格，除了這個還要和他說性價比。貪便宜的顧客，買的不是低價，而是高性價比。我在做市場考察的時候發現，我們好多銷售人員就只會和顧客說特價，好像顧客都買不起正價商品似的。因為銷售人員怕顧客走，覺得特價商品有賣點，賣點就是便宜。這就好像在說：又好又便宜的商品你都不買，你還想買什麼呢？

但即使這樣，有很多特價商品也一樣沒賣出去。道理很簡單：顧客喜歡造型別緻的產品，你卻一直地和他說價格，你覺得他會願意聽嗎？他喜歡大眾款的，你非要挑那些只有設計師才愛的款式拚命地介紹，你覺得他能接受嗎？

做個試驗吧：進店裡的時候，你會發現，你介紹商品一定是你很喜歡的。知道為什麼嗎？因為你想征服你的顧客，你在用你的購物價值觀去影響客戶的價值觀。所以，在銷售的過程中，我希望你能記住：銷售是人與人的較量，不是你影響他就是他影響你，誰獲得了主動權，誰就是交易中的贏家。

也許你會問我，顧客怎麼影響你？那麼，我想問你，顧客是不是進店以後先隨便看看，然後突然看了一款商品馬上就問：「這個東西多少錢？」你報價了，他就說太貴，再少點。你不能拿定主意，於是就去問老闆這個價格能不能賣。結果問完了，顧客還是走了。顧客問了價格就會影響你，就會控制你，這時候顧客有了主動權。如果他問你價格，你問他家裡需要多大的尺寸，裝潢什麼風格，是更換還是整體購買，是不是就轉變了銷售的情況呢？

由此可見，只要找到顧客的購物價值觀，並以此去接待顧客，顧客就更容易被你打動。你可以推廣你喜歡的產品，但不要輕易嘗試去改變，盡量順著顧客的購物價值觀去選擇顧客喜歡的產品。只有這樣，門市的銷量才會不斷往上升。

如何尋找顧客的購物價值觀

既然要順著顧客的購物價值觀去選擇顧客喜歡的產品，那麼你就要對顧客的購物價值觀有個了解。有句話說：「世界上找不到兩片完全相同的樹葉。」購物價值觀也是如此。

這邊分享一個老太太買李子的故事。

社區附近有 3 家水果攤，3 家都是從當地的水果市場進貨，也就是說每一家的水果都是差不多的，或者說是一樣的。有位老人家從社區走了出來，準備買水果，見到第一家水果攤就問：「請問老闆你這裡有李子嗎？」

老闆說：「有啊，我這裡的李子可甜了，來隨便嘗嘗。」

沒想到的是，老太太搖搖頭就走開了。當老太太走到第二家水果攤那裡，問了同樣的問題：「請問老闆你這裡有李子嗎？」

老闆說：「有，我這裡的李子可多了，有大的，有小的，有酸的，有甜的，有國內的，有進口的。總之，你想要的李子我這裡都有的，請問你想選哪種呢？」

老太太買了一斤酸的李子就走了。

說到這裡，我想暫時停下來。請問，為什麼第一家老闆沒有銷售出去，而第二家老闆就銷售出去了呢？回想一下我們現實中的情況，當你給顧客介紹沙發的時候，顧客卻告訴你，他只想要張床而已。所以，第一個賣李子的老闆沒有銷售出去最大的原因，就是沒有了解顧客的需求。

可是說到這裡，有人也許會問：那第二家賣李子的老闆也不知道顧客的需求啊，為什麼第二家老闆就銷售出去了呢？這正是我想告訴你的：第一家老闆告訴我們，一定要了解顧客的需求；而第二家老闆告訴我們，我一定要對我的產品有所了解。

既然老太太已經在第二家買了李子，似乎第三家的老闆出現在此是多餘的了。然而，事實真的如此嗎？我們來看一下第三家老闆是如何做銷售的吧！

當老太太路過第三家水果攤的時候呢，老闆說了一句讓老太太感到很驚訝的話：「恭喜您，老太太您要抱孫子了。」

有人也許會問，為什麼會說這樣的一句話呢？

所以老太太就很納悶地問：「你怎麼知道我要抱孫子了呢？」

「我老婆懷孕的時候就很喜歡吃酸李子，所以我就得了個胖兒子，你看我兒子就在那邊玩呢！但是我發現，孕婦只吃酸李子是不足以補充身體所需的營養的，後來我專門研究孕婦水果套餐。孕婦想吃酸的，是因為身體需要某種微量元素，促進體質平衡。其實光吃酸李子是不足以補充的，還要配上些蘋果啊、水蜜桃啊、奇異果啊之類，老太太我幫你弄一套好嗎？ 300 元一套，夠你媳婦吃兩天了。」

「好啊，你就幫我弄一套吧！」（這僅僅是一個教學案例，不具備醫學參考價值）

同樣的產品，卻得到了不同的銷售結果，請問是產品問題嗎？產品都是同一個地點出來的，在今天大環境的市場中，就叫做產品同質化。所以，在產品同質化的今天，銷售成敗的關鍵在於人！只有銷售人員認可了這一點，銷售才能繼續下去，銷售人員才能長久簽大單。

第二節　售前贏得客戶的心

俗話說：商場如戰場。目前的市場競爭越來越激烈，而在日趨激烈的市場競爭中，產品和服務是兩大關鍵因素。同時，由於目前產品同質化現象越來越嚴重，那麼，便只有服務才能創造差異，創造更多的附加價值了。所以，我想告訴你的是：優質的服務才是征服顧客的最有效手段。

優質的服務是征服顧客的最有效手段

對於一個新開的家居建材門市來說，如何開拓市場，如何使更多的顧客成為老顧客，最根本的一點就是服務是否到位。當然，我這裡所說的服務並不只是指售前服務，也包括售中和售後服務。如果你希望自己的家居門市能在激烈的市場競爭中站穩腳跟，並不斷發展壯大，那麼就要記住我的囑咐，把服務放在重中之重，時刻不要忘記「顧客是上帝」的道理。

我一直都比較信奉這樣一句話：行行都是服務業，人人都是服務生！尤其是在家具銷售展現的就更為明顯了。道理很簡單，顧客去了你店裡，如果你對他的服務態度不好，那麼即使顧客再喜歡你的產品，也不會在你的店裡購買；相反，如果你的服務很貼心、很熱情，能讓顧客有如沐春風的感覺，那麼成交的機率就會大得多。因此，我希望你能明白，服務是銷售業的核心要素，只有服務到位了，銷售量才上得去。

當然，這個道理說起來簡單，做起來卻並不是那麼容易。因為你要面對形形色色的顧客，若是顧客心情好，他還能和顏悅色地和你說話；可若是顧客心情不好，和你說話時就沒有那麼客氣了。但是，不管是哪種情況，你都要謹記「顧客是上帝」的道理，無論是什麼人，只要進了你的店，你都要真誠、貼心地服務。

其實，做服務是個一勞永逸的工作。只要把頭開好了，並使你的團隊將服務變成了習慣，那麼，你的老顧客就會越來越多，也就能把你的競爭對手拋在後面了。

我通常習慣將服務分為售前、售中、售後三個部分。在這三個部分中，最重要也是重中之重的部分就是售前服務。因為售前的服務如何，直接決定了你的商品能否賣出去，這也是每個家居建材店老闆最關心的事。

如何做好售前服務

關於售前服務，在這裡我想跟各位老闆分享兩個詞語：一個叫影響力；另一個叫好感度。

什麼是影響力？

每個人購物都有自己的購物價值觀，影響力的作用就是顧客在買家具之前，你的品牌能列入他所選擇的品牌名單之中。如果你能做到這一點，就證明你經營的品牌在當地有影響力。有的老闆說：「我的品牌在當地有影響力。」結果我問計程車，到某某家居去，計程車司機卻根本不知道在哪兒。這樣，你還覺得你的品牌有影響力嗎？

那什麼是好感度呢？

記得有一次我出差。當地老闆十分熱情好客，剛見面就請我吃涮羊肉。我們邊吃邊聊，聊著聊著就聊到了這個問題 —— 好感度。他說他開業的時候很不錯的，可最近一年生意很淡，銷售人員銷售能力不行，品牌影響力越來越弱，但自己卻沒什麼好辦法調整。我了解了所有情況後，就給這個老闆出了個主意 —— 家具維修進社區。

於是，在我的建議下，這個老闆決定在多個大型社區外面做家具免費維修。當然，要想讓這一計畫得以順利實施，就必須與大樓物業商量好。免費給這裡的業主維修家具，大樓物業是發起方，這位老闆是協辦方。當一切事情談妥後，這位家居門市老闆就在每個社區外面架起了一個免費維修的攤子。來諮商的業主很多，各式各樣的問題都有，不管什麼問題都免費維修。

一個月下來，老闆對我說：「免費維修不只沒花錢，還賺錢了，因為好多客戶的沙發太舊了，修起來也沒意義，就乾脆來我們店換了。另外，還有一些客戶需要搬新家，說我們的服務態度好，在我們店購買家具放心，因此，就都來我們店裡買。結果一個月算下來，僅僅這一個活動就為店裡帶來了近 50 萬元的銷售額。」

這場活動除了能增加這位老闆的銷售額外，最重要的就是：這場家具免費維修的活動，會在當地形成良好的口碑。

大家都說你好，說你的品牌人性化，如此一來，你的品牌在當地有了影響力和好感度，那自然就不用為銷量發愁了。

事實上，身為老闆的你，也一樣可以做慈善事業，捐多捐少並不重要，但只要是做過慈善的品牌，在消費者端都會獲得很好的口碑。因此，我希望你能明白，售前服務是家居產業的核心，直接關係到你的門市銷量。

第三節　售中、售後，滿足客戶的需求

雖然售前服務是核心，但售中和售後服務你也不能忽視。我在考察中發現，許多門市的售前服務都做得很好，但售中和售後服務卻做得差強人意，甚至有些銷售人員會覺得只要把家具賣出去，就沒事大吉了，完全沒把售後服務放在心上。在這裡我可以非常負責任地告訴你，售中和售後服務同樣不容忽視。

售中服務

在銷售的過程中，你應該清楚地知道，你服務品質的優劣直接影響到客戶對你的門市的印象和評價。只有讓顧客感

受到了你的貼心服務，你才能贏得更多的老顧客。然而，在我所做的市場調查中，我卻發現，目前很多家居建材門市裡，即使是像顧客進店後及時倒水這樣的小細節都沒有做到，或者是勉強做到了但顧客並沒有太多感觸。那麼，如何能把這樣的一個細節做到與眾不同呢？如何才能給顧客一個意想不到的驚喜呢？

千萬不要小看這簡單的一杯水，水也有很多種類。顧客想要什麼樣的水，你知道嗎？

如果是冬天，顧客一定是想喝熱水，這時候，你就不能倒給顧客一杯冷水；如果是夏天，顧客想喝的一定是冰水，或者是涼茶。此外，不同的人有不同的口味，或許有些顧客喜歡喝點甜的，那麼，你就可以給顧客準備點果汁，或者檸檬水之類；冬天則可以是熱飲、熱茶之類的。當然，VIP 客戶還可以考慮準備咖啡。

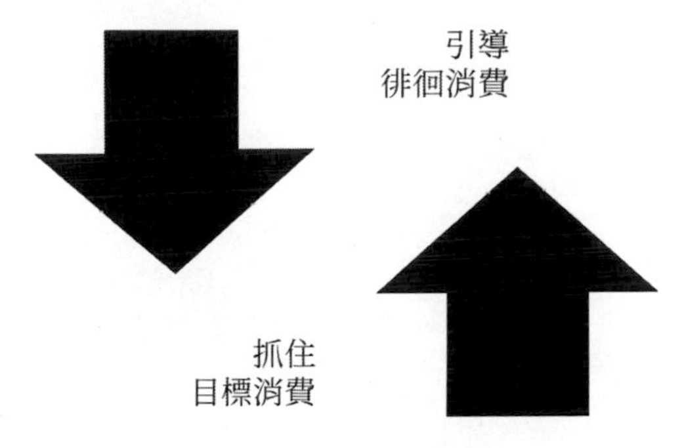

圖 9-1 銷售人員的價值

總之，服務在於細節！

回顧一下，我們平時是如何幫顧客倒水的？

我們將水倒好後，用我們的雙手遞給了顧客。不管倒的是什麼飲品，我現在請你觀察倒水的過程。我們都到餐廳吃過飯，餐廳的等級不一樣，服務也就不一樣。小餐廳直接端上去，啪的一下，動作簡單粗暴。你再去高級餐聽看一下，今天你吃的大餐，服務生是用銀盤端給你，銀盤上面還有一片紅色的緞布。如果我們端水或飲品給顧客，也拿一個盤子，盤子上面放上一塊緞布，然後很禮貌地讓顧客自己去拿盤子上的水或者飲品，盤子上面除了飲品還有糖果之類的小吃。想像一下，那該是何等的享受！

飲品的種類不同，倒水的服務過程不同，其他競爭對手與你就有了差異性，顧客就會記住特別的你！

售後服務

什麼是售後服務？很多老闆都分不清楚售後服務和投訴的區別，等顧客買的產品出了問題才去做售後服務。這哪裡是做售後服務，應該叫做處理投訴才對。這其實是進入了一個失誤。售後服務，顧名思義，就是顧客買完產品後，賣家提供給顧客的服務。

那麼，家具產業的售後服務究竟該怎麼做？以我多年的調查分析來看，以下兩點是你必須要做的：

第一，家具保養。

這個很重要！很多顧客都沒有保養家具的習慣。很多家具出了問題，都是由於不注意保養造成的，尤其是真皮沙發！注意保養，沙發多用幾年根本就不是問題；不注意保養，兩三年就要換新的了。

第二，顧客的日常維護也是售後服務的一部分。

顧客喜歡有人關心，所以，你過年過節時都要給顧客傳幾則訊息，週末的時候也要發。發的內容應以關懷為主，如養生類、天氣突變多穿衣服之類的。

總之，服務是根本，你必須將服務做好、做細。說得簡單點，做服務就是做細節！做服務就是要做得與眾不同！

此外，售後人員的職業規範也很重要，這裡所說的售後人員指的是搬運人員或安裝技師，他們在做售後服務時必須注意以下細節：

1. 上班時間嚴禁在賣場休息，手機需保持暢通；
2. 未外出安裝，需到門市對家具進行除錯、打包等；
3. 送貨之前認真清點訂單、檢查商品數量、品質、保修卡、送貨單等；
4. 配件箱中須隨時備有乳膠、工具組、常用配件等；
5. 到顧客家送貨時應說：「你好，我是 XX 的送貨人員，讓你久等了，請問這家具放在哪裡？」

6. 貨物按照顧客指定的地點有序堆放，安裝作業時地面應墊上地毯等墊物，防止刮花地板；
7. 輕拿輕放，愛惜貨物及顧客家中物品，未經顧客同意不得擅自挪動現場物品或設施；
8. 嚴禁飲用顧客的飲料、水、食物；
9. 工作時間，嚴禁怠工、吸菸、吃零食；
10. 安裝服務過程中，任何情況下不得與顧客發生爭執；
11. 安裝人員／搬運工不得以任何理由和藉口接受顧客的小費或禮品；
12. 注意拆包裝時，應將物品平穩放在無雜物、無尖銳的平面上；
13. 拆紙箱包裝時，應用刀片輕輕沿著包裝材料接面處，以免損壞家具；
14. 安裝前，根據安裝說明書確認產品各部件安裝順序，對照檢查產品部件、配件等是否齊全及是否有品質缺陷；配件須完備，嚴禁省略，多餘的配件應收集、整理好帶回商場保管好，禁止留在安裝現場或隨意丟棄；
15. 安裝玻璃門的門鉸鏈，嚴禁用電鑽緊固螺絲，要改用手工轉緊螺絲，以防玻璃在過大的壓力下裂開；
16. 產品安裝完畢後，應對縫隙、對稱性等進行最後的調整，以求最好安裝品質；

17. 要抬動安裝好的家具時，必須托住家具底部抬起，嚴禁僅持頂端或層板抬動；
18. 安裝完畢，主動清理現場，經自檢合格後，請顧客驗收並完成簽單工作，離開顧客家時應說：「XX 先生，如果你在使用過程中遇到任何問題，請與我們連繫，再見！」
19. 如果顧客問你產品的成本價是多少時，千萬不要胡亂回答；
20. 多種物品混裝或商場出錯樣品時，產品必須打包。

綜上所述，只有做好了售中和售後服務，你才能在市場中有好的口碑。如此的話，你門市的生意才能朝著一個好的方向發展，你才能為在未來創造輝煌打下良好的基礎。

第四節　維繫老客戶

維繫老客戶，開發新客戶，這是每個業務人員都想做好的事情。一個家居建材門市如果想要不斷向前發展，在擴大新客戶的同時，更不能缺少老客戶的支持。那麼，應該如何維繫你的老客戶呢？接下來我便說說自己的心得體會。

1. 更多優惠措施

如數量折扣、贈品、更長天期的付款等，而且經常和顧客溝通交流，保持良好融洽的關係和和睦的氣氛。

2. 特殊顧客特殊對待

根據 80/20 原則，公司利潤的 80% 是由 20% 的客戶創造的，並不是所有的客戶對企業都具有同樣的價值。有的客戶帶來了較高的利潤，有的客戶對企業具有更長期的策略意義。美國《哈佛商業評論》（*Harvard Business Review*）發表的一篇研究報告指出：多次光顧的顧客比初次登門的人可為企業多帶來 20% 至 85% 的利潤。所以，善於經營的門市要根據客戶本身的價值和利潤來細分客戶，並密切關注高價值的客戶，確保他們可以獲得應得的特殊服務和待遇，從而使他們成為你家居建材門市的忠誠客戶。

3. 提供整體解決方案

不僅僅停留在向客戶銷售產品的層面上，要主動為他們量身定做一套適合的全面性解決方案，在更廣範圍內關心和支持顧客發展，增強顧客的購買力，擴大其購買規模，或者和顧客共同探討新的消費途徑和消費方式，創造和推動新的需求。

4. 建立客戶資料庫，和客戶建立良好關係

日常的拜訪、節日的真誠問候，婚慶喜事、過生日時的一句真誠祝福、一束鮮花，都會使客戶深為感動。交易的結束並不意味著客戶關係的結束，在售後還須與客戶保持連繫，以確保他們的滿足感持續下去。

5. 深入與客戶進行溝通，防止出現誤解

客戶的需求不能得到切實有效的滿足，往往是導致企業客戶流失的最關鍵因素。一方面，你應及時將企業經營策略與策略的變化訊息傳遞給客戶，便於客戶工作的順利開展；另一方面，善於傾聽客戶的意見和建議，建立相應的投訴和售後服務溝通管道，鼓勵顧客提出意見，及時處理顧客不滿，並且從尊重和理解客戶的角度出發，站在客戶的立場去思考問題，採用積極、熱情和及時的態度，同時也要了解客戶，採取積極有效的補救措施。要知道，大量研究表明，2/3的客戶離開供應商是因為其對客戶關懷不夠。

6. 製造客戶離開的障礙

一個保留和維護客戶的有效辦法就是製造客戶離開的障礙，使客戶不能輕易跑去購買競爭者的產品。因此，要努力和客戶保持親密關係，讓客戶在情感上忠誠於你的門市，從而對你的家具產品產生依賴和習慣心理。如此的話，客戶就能和你保持長期的和諧關係了。

第五節　開發新客戶，關注潛在消費者

維繫老客戶，開發新客戶，兩者之間是相輔相成的關係。所以，在維繫老客戶的基礎上，你還要關注潛在消費者，要致力於新客戶的開發。

客戶的開發過程

1. 規定目標客戶（潛在客戶）範圍

對於家居建材門市來說，如果你想要開發新客戶，那麼首先就要知道我們的目標客戶在哪裡，什麼樣的客戶需要我們重點跟進，什麼樣的客戶我們要學會捨棄。只有明白了這點，你才能做到有的放矢。

2. 收集潛在客戶資料，建立客戶的資料庫

千方百計地透過各種管道（展覽活動、技術交流會、網站、雜誌等）收集重點可開發客戶的資料，包括了解該客戶的購買實力、家庭成員等，盡量了解多一點，這樣在和客戶推銷家具時成功的機率就會更高一點。

3. 根據資料庫，對潛在客戶進行分類

我們蒐集的客戶不一定都是潛在客戶，這樣就需要我們透過各方面的了解進行篩選，選出我們的潛在客戶，少走彎路，對目標潛在客戶要認真分析，找到客戶的需求點。

4. 熟悉潛在客戶的需求，及時跟進

我們的銷售就是滿足客戶的需求，對於不同的客戶要有不同的跟促進方式，對於潛在的客戶要五天一電話，一週一拜訪，隨時關注客戶的動向，以及我們需要的配套措施，這樣才有更多的機會成交訂單。選定了目標客戶後，一定要多次追蹤拜訪，了解客戶的真實想法，這樣才能事半功倍。

5. 滿足客戶需求，使潛在客戶變成忠實客戶

滿足客戶需求，在售前、售後服務上要多下點功夫，讓我們的潛在客戶在自己或朋友有購買需要時，第一個找到的就是你的家具產品，這樣才算是達到了目的。

客戶拜訪

蒐集到有用的訊息後，下一步就是客戶拜訪。在拜訪客戶前一定要做足工作，包括哪個時間去拜訪（詢問客戶哪個時間方便拜訪，不能冒冒失失地去，這樣肯定會無功而

返），用什麼樣的方式和客戶溝通（溝通的技巧事先一定要訓練訓練再訓練，什麼樣的客戶說什麼話，心裡要有數），怎樣才能吸引客戶合作（事先要想好雙贏的政策，做生意一定要雙贏才會有更大的機會成功），如果談判失敗下一步該怎麼做等。這裡還有很重要的一點就是一定要守時，這可是經驗教訓。

接近客戶，首先要注意自己的儀表，給客戶留下一個好的外觀印象，能展現出整個門市的形象和個人的魅力。要知道，你不僅代表著自己，你的一舉一動更代表著整個門市的形象。所以，在接觸新客戶的時候我們還要注意以下幾點：

1. 保持微笑和客戶的目光接觸，顯示誠意。即使是打電話也要保持微笑，客戶能感覺到；
2. 建立信任，讓客戶信任你，信任你的產品，信任你的門市；
3. 建立友情，使客戶感到購買你的產品是一件自然而然的事情，並幫你介紹更多的生意；
4. 建立共同基礎，把你和客戶連繫起來，讓客戶成為你的利益夥伴；
5. 對客戶建立一種真正的興趣，不要光盯著他的口袋（讓客戶心甘情願地掏錢購買你的產品，這就是藝術）；
6. 找到某種共同的基礎，如愛好、經歷、生活方式等；

7. 經常叫客戶的尊稱，以拉近和客戶的關係，讓客戶感到溫暖和親切；
8. 鼓勵客戶談他自己，每一個人都喜歡這樣，並且你可以得到大量的訊息。

贏得客戶的信任

客戶不信任你是不會購買你的產品的，只有在相信你的人品和門市家具產品的品質的情況下才會與你合作。那我們怎樣才能贏得客戶的信任呢？

1. 自信加專業

自信等於成功的一半，自信心對銷售人員非常重要，直接展示你的精神面貌，無形中向客戶傳遞了你的信心。但我們也應該認知到，銷售人員不能一味強調自信心，因為自信的表現和發揮需要一定的「專業」基礎。也就是說當你和客戶交往時，你對交流內容的理解，應該力求有「專家」的知識深度，這樣讓客戶在和你的溝通中每次都有收穫，進而拉近距離提升信任度，所有我們不僅要自信，更要專業。

2. 坦誠細微不足，展現真實自我

「人無完人」是至理名言，而現實中的銷售人員往往有悖於此，面對客戶經常造就超人形象。為了掩飾自身的不足，

對客戶提出的問題和建議幾乎全部答應，很少說「不行」、「不能」的言語。從表象來看，似乎你的完美將給客戶留下信任，但殊不知人畢竟還是現實的，都會有或大或小的毛病，不可能面面俱到，你的完美宣言恰恰宣告你的不誠實。

同時，與客戶有過初次交談後，絕不能放鬆，這僅僅是開始。只要還沒有和客戶真正建立業務關係，都不算成功，在最後的環節要加強感情投入與溝通（如請客戶到餐廳聊聊等，人與人之間有了感情做起事情來就能事半功倍，這樣的方式屢試不爽），堅持到最後，直到達成與客戶真正的合作。

如何維繫新客戶

1. 定期對新客戶的資訊進行總結，對顧客的愛好、興趣、購買能力進行總結；
2. 生日或節日時，問候簡訊、電話必不可少，並送上一定的禮物（要注意禮品不要重複）；
3. 嚴格的品質檢驗，保證品質，一定要有良好的把關，讓顧客放心；
4. 一定要定期回訪客戶，對於重量級的客戶，每月至少安排 2 次拜訪，這樣更能展現我們的重視程度；
5. 保持持續的熱情，不要讓客戶感覺我們對客戶的服務隨著訂單的穩定而趨於鬆懈。

當然，不可否定的是，新客戶的開發是一項艱鉅的任務，新客戶的維護更是比開發還要困難。只有用我們細微周到的服務來贏得客戶的長期穩定性，這才是我們開發新客戶的目的。所以，要根據客戶的需要來不斷滿足客戶，用我們的服務來贏得他們的信任、穩住客戶的需求。請你記住一句話：態度決定一切，細節決定成敗。

第十章
迎接網路時代，建立網路門市

在這樣一個網路高速發展的時代，各種網路商店如雨後春筍般崛起，而網路購物也成了消費者熱議的話題。正是由於現在的網友太多，網上購物達人太多，所以各行各業都已開始進軍網路市場。而你身為家居門市的老闆，如果不想被激烈的市場競爭淘汰的話，那就也要順應時代潮流，與時俱進，加入到電商的大軍。當然，如果真要開的話，必定不像說說這麼簡單，需要你學習的東西有很多。而在這一章中，我便將揭開網路開店的神祕面紗！

第一節　門市網路化的趨勢

隨著網路的日益發達，加之如今的電腦效能提高、價格降低，人人上網的條件越來越容易

在國外，網路購物早已不再新鮮，龐大的網絡人群形成一個規模可觀的網購消費者群，這也是眾多國際和國內品牌業者看好這一市場的原因。

網購消費量巨大的原因

1. 絕大多數為年輕人

網際網路的便捷是網路消費、電商逐漸增多的根本要素。除此之外，還有一個關鍵的原因：網友大多比較年輕，容易接受網購這樣的新鮮事物。

根據一份統計報告，在網路使用者中，18 至 24 歲的年輕人所占比例最高，達到 38.9%；25 至 30 歲的使用者（18.4%）

和 18 歲以下的使用者（14.9%）排在其次；31 至 35 歲的使用者占到 10.1%；36 至 40 歲的使用者占到 7.5%；41 至 50 歲的使用者為 7.0%；還有 3.2% 的使用者在 50 歲以上。總體來說，35 歲及 35 歲以下的使用者占 82.3%，35 歲以上的使用者占 17.7%，網路使用者在年齡結構上呈現低齡化的情勢。

2. 價格相對便宜

由於不用實體裝潢，網路門市創業者的投資壓力大大減小，這就造成了成本的降低。因此，網購日漸興起的另一個原因就是，相對實體店，商品價格便宜了許多。透過對網路商品的調查，我們發現：在網路，一副球鞋的平均價格比實體店銷售的要低 200 至 300 元，每部手機也至少便宜 500 元。幾乎所有的商品價格相比實體店都有 10% 至 50% 的優惠。當然，我們的家居產業也是如此。

開設網路門市的三種模式

1. 建設自己的網路門市

定義：申請自己的網域，有自己的交易平臺。

優點：個性突顯，凸出店家的品牌優勢。

缺點：建設和維護費用較高，同時還需要投入大量的時間與金錢進行網站的宣傳。

方法：完全根據實體店的風格對網路門市進行個性化設計，需要進行註冊域名、租用空間、網頁設計、程式開發等一系列工作。

發展情形：適合有一定規模的中型企業，並不適合小本投資開店。

2. 店中店

定義：在專業的電商網站上註冊會員，開設個人店鋪。

優勢：方便快捷投資少。

缺點：缺乏個性，沒有自己的品牌。

方法：在 momo、PCHome、蝦皮等大型專業網站註冊成為會員，只需支付少量的費用（租金、商品上架費、廣告費、成交手續費等），即可開始營業。

發展情形：主流。

3. 網路門市和店中店相結合

定義：獨立域名的網路門市和店中店相結合。

優勢：集合了店中店與獨立店的優勢。

缺點：投入相對會較高。

發展情形：一般集中於大型企業，並不適合中小型投資。

網路門市比實體店好在哪裡

1. 營業時間長

傳統店面：營業時間一般為 8 至 12 小時，遇上壞天氣或者老闆、店員有急事時也不得不暫時休息。有些老闆為了生意不受影響，往往吃住在店裡，犧牲了不少個人時間。

網路門市：能夠延長營業時間，可以一天 24 小時、一年 365 天不停地運作，無須專人值班，也可照常營業。

2. 銷售規模不受限制

傳統店面：擺放商品的位置有限，規模大小常常被店內面積限制。

網路門市：只要有足夠的商品，便可以擺上成千上萬種。

3. 方便快捷，交易迅速

傳統店面：需要查詢店鋪資訊，有時因為某些路況交通等原因無法前往，因此心儀的商品無法購買。

網路門市：將商品圖片、商品介紹和價格上傳到網路上，買家輕點滑鼠、敲打鍵盤就可以進行洽談和交易了。

買賣雙方達成意向之後，買方可以立刻透過銀行付款交易，賣方以郵寄或者快遞的形式把貨品送到買家的手中，整個過程方便快捷，成交迅速。

4. 宣傳推廣作用強大

傳統店面：創業初期有時需要透過廣告進行傳播，想要進一步擴大規模，更要花錢進行全面的宣傳，但宣傳範圍一般較小，通常只限於本市或是本區。

網路門市：由於網際網路訊息量大、互動性強、覆蓋面廣、參與率高，只要是上網的使用者都有可能成為商品的瀏覽者與購買者，瀏覽者可以是國內的消費者，也可以來自歐洲，甚至來自於全球。

透過以上學習，相信你對網路門市這種新事物已經有了一個大概的了解。其實只要商品有特色，宣傳得當、價格合理、經營得好，每天都會有不錯的瀏覽量。當然，也需要不斷探索和豐富網路宣傳的有效手段，採取網路論壇、訪談、新聞特寫、典型報導等形式，增加推廣的互動性，讓網路宣傳更加生動，更加貼近顧客，以增加銷售機會，取得良好的銷售收入。

那麼，具體又該如何建立你的網路門市呢？

第二節　建立屬於你的網路門市

儘管建立網路門市並不算難，投資也較為低廉，然而這畢竟是一項創業，不可能完全兩手空空。在開業之前，同樣需要有一定的準備，其實它們與實體店一樣，同樣包含了「硬體方面」與「軟體方面」。有關詳情我總結如下：

1. 硬體準備：方便、快捷很重要

（1）便捷的網路：

作用：釋出商品、查詢資料、與客戶溝通。

（2）一臺高效能的電腦：

作用：能使用社群聊天工具，最好還能附有備份硬碟，以便儲存商品和客戶的資料。電腦的等級不一定要多高，但是起碼要能執行一些基本的繪圖軟體。

（3）相機：

作用：透過圖片向客戶展示商品。

同時，照片也能使買家有直接的感受和了解，也使物品更受關注。沒有照片的貨物很難「出貨」，因為沒有照片這種直接的「貨品」，商品很難引起買家的注意，而且還會讓買家懷疑該物品是否存在。

（4）電話：

作用：電話也是開店常用的工具，因為網路連繫受制於電腦而無法隨時進行，而電話可以解決這個問題。

2. 軟體方面：把名稱叫響

說完了網路門市的「硬體方面」，接下來我再來說說「軟體方面」。與實體家居門市一樣，網路門市同樣需要一個名字。如果已有實體門市，那麼網路門市的名字可以遵循實體門市；倘若沒有實體門市，或者是想另外換一個名字，那麼給網路門市取名一般要遵循以下幾個原則：

（1）新穎：

新穎是指名稱要有新鮮感，符合時代潮流，具有創新精神。例如，柯達一詞在英文字典裡根本查不到，本身也沒有任何含義。但從語言學來說，「K」音如同「柯」一樣，能給消費者留下深刻的印象。同時，「K」字的圖案標誌新穎獨特，這更進一步加深了消費者的記憶。

（2）獨特：

名稱應具有獨特的個性，力戒雷同，避免與其他店名混淆。

（3）響亮有氣魄：

響亮是指名稱要易於上口，難發音或音節不響亮的字都不宜用作名稱；有氣魄指名稱起點要高，要具有衝擊力，要有濃厚的感情色彩，能給人震撼。

（4）簡潔：

名字單純、簡潔、明快，易於和消費者進行資訊交流，而且名字越短就越有可能引起顧客的遐想，含義更加豐富。絕大多數知名的名字都是非常簡潔的。

總之，只要名字取得好，那麼自然就會有人「踏」入其中。需要注意的是，如今網購一般集中於年輕人，網路門市創業者要看到這個特點，爭取吸引年輕人的目光。

當然，除此以外，各位老闆在開網路門市的時候還要注意網站美化。因為當顧客進入時，第一時間便會對網站的整體風格產生印象。倘若一個店內產品分類凌亂、字型大小混亂、圖片布置不合理、缺乏標示、產品缺乏必要說明文字……這樣的網站不會有人願意再進來第二次。

因此，如果要開網路門市的話，你就必須要學會給網站「美容」，例如，多試用系統提供的範本，盡可能學習優秀網站的裝潢風格，那麼網站就會令人耳目一新。如此一來，你的銷量自然就會猛增。

第三節　提高關注，制定網路門市推廣策略

以我多年的調查分析來看，網路門市有一點很重要，那就是網站的推廣及市場的開拓。因為如今的網路門市實在太多了，如果你只是剛剛起步，那麼人氣就需要慢慢培養。以下是我的幾點建議：

1. 多與網友溝通

一般情況下，初開店者可利用網路進行推廣，例如在論壇上多發文章，介紹產品相關知識；多和網友交流溝通，提高店鋪及老闆的知名度。讓大家逐漸關注到你和你的店是非常重要的，還可以採取一些如 1 元起拍或者部分商品不求盈利、但求吸引顧客光顧的方法提高顧客的關注度。

與網友溝通，最主要的途徑還是社群平台和網站活動，我們來詳細看看如何行動：

（1）積極地參加網站社群活動：

大型網站的每個社群都會不定期地舉辦一些活動，可以根據自己的商品特點和興趣愛好，有選擇性地去參加一些活動。在參加活動的過程中，會結識更多的朋友，也會讓更多的朋友認識你和你的店。積極參加社群活動不失為一種宣傳自己店的好方法。當然，如果在活動中獲獎，或者上了推薦名單，那麼就會給你的店帶來更好的廣告效應。

（2）巧用網站的討論區、社群等平台：

每一個大型專業的網站裡都設有討論區。討論區裡有許多潛在買家，所以老闆們不要忽略了討論區的宣傳作用。

如 PTT 的置頂文，這是一個為你的店和商品進行免費推廣的最佳去處。如果你發的文章被評為置頂文，你就更容易透過頭像和簽名檔將網友吸引到你的店中去參觀，因此可以帶來巨大的瀏覽量，自然成交的機率也會提高。

（3）去相關的論壇或交流會：

除了以上兩種方法，老闆們還可以去一些與自己店內商品相關的專業論壇或商業交流會。儘管這不是直接推銷商品，但效果也同樣顯而易見。

A. 在專業論壇裡，你可以結交更多的專業人士，他們的意見能幫助你正確選擇銷售什麼商品，甚至他們也有可能成為你的客戶；

B. 在商業交流會中，你則可能結交到更多的供應商，了解到更多的銷售方式。

需要注意的是，在論壇中及時回應要講禮貌，這同樣是一種廣告技巧。此外，留言時也要注意技巧，首先要搶占有利的位置，如「頭香」（第一則留言），如果配上好的頭像和簽名檔，那廣告的效果就會更好。

通常情況下，借回應來宣傳，這樣省時、省力且效率高。當然，對於回應，創業者要注意品質，它能讓別人在你的發言上停留更長的時間，更容易讓別人注意你的頭像和簽名。在回應中幫助別人解決問題，能讓你得到別人的信任和好感，你很可能因此得到一個朋友或潛在客戶。

2. 友情連結

同時，創業者還可在自己的賣場中新增一些好友的店鋪連結、友情連結。

這麼做的好處就是，可以形成一個小的網絡，增進彼此店鋪的影響力。老闆們在選擇友情連結時，盡量選擇和自家賣場經營不同或互補商品的店家，一方面迴避競爭；另一方面還能相互促進。

3. 巧用公告欄

每個賣場裡都設有公告欄，店家要充分利用公告欄，因為當消費者開啟一個賣場時，第一眼關注的是賣場的公告。

一般來說，公告欄裡至少要有以下三個方面內容：優惠活動、本店特色、連繫方式。

優惠訊息要放在最前面，這樣才能吸引買家，連繫方式一般放在最後面。

4. 客戶備案

所謂客戶備案，就是對每一個客戶進行資料記錄。我們在實體店銷售技巧中也介紹了客戶累積的重要性。

做過銷售的人都知道，客戶群資料是最重要的，也是最有商業價值的資料。這些資料能夠幫助你挖掘潛在客戶，幫你了解他們的特點和需求，從而更有針對性地為他們提供商品和服務。需要記錄的資料，包括買家的連繫方式、主要需求、職業、性格、愛好、生日等。

5. 定向宣傳

每一個曾經在你這裡購買過產品的買家，每一個你買過對方產品的賣家，每一個向你諮商過產品的人，都是你的潛在客戶，需要對他們進行適當的宣傳。

在節慶或者其他的特殊日子，用網站提供的即時通訊工具，如聊聊、電子郵件等方式主動去問候一下，既有禮貌，又能加強你在他們心目中的「存在感」。

當你的店鋪又上了新貨或推出新的優惠活動時，則要把你的新貨、優惠訊息等加入到你的電子郵件、聊天軟體的個性簽名裡去，讓與你產生網路接觸的每一個人，都能夠在不經意間了解你的賣場的最新動向。

6. 關鍵字的使用

在上傳商品時選擇恰當的關鍵字，盡量讓網站的關鍵字和自己的商品連繫在一起。

例如，可以在自己的商品名字中加一些熱門關鍵字，這樣貨品被買家搜尋到的機率就會大得多。假設在你的賣場首頁推薦的是「時尚大氣」的家具，我們可以把自己店裡的商品名稱前都加上「時尚」兩個字，這樣別人一進網站首頁，點擊關鍵字「時尚」進去，就有更多的機會先看到你的家居用品。

其實，我們對商品進行關鍵字設定的目的就是為了迎合網站資料庫搜尋引擎的工作原理，搜尋引擎對使用者的查詢做出反應，是以輸入的關鍵字為搜尋條件，在其資料庫中檢索包含該關鍵字的網頁，然後按照「符合／位置／頻率」原則返回網站排名搜尋結果。

所以，為了讓你的賣場頁面出現在以事先確定的關鍵字為條件的搜尋結果中，你就必須在賣場中使用關鍵字。放置關鍵字的地方包括：標題、網頁內文、標籤等。這項工作對於老闆們來說不是一件容易掌握的事情，但只要我們肯下功夫，就一定會得到滿意的結果。

當然，無論哪種方法與技巧，都要根據家具產品的特點，在實作中逐漸摸索嘗試，實體店經常採取的一些促銷手段也是值得借鑑的。如此一來，當你的網路門市在網友中具有相當知名度的時候，就如同你把店面從巷子深處搬到了鬧區，每天都會有很多網友來你的店裡轉轉，自然就不愁沒生意了。

第四節　網路門市廣告：選擇適合的平臺

我經常會聽到有些開網路門市的老闆抱怨：「我都開網路門市了，而且商品也放上去了，怎麼都收不到訂單？」或者我們也會聽到有些商家在問：「是不是我開了網路門市，商品放上去，其他都不用做，客戶就會來我的網路門市？」等。

其實建立網路門市、商品放上去這兩個工作只是表明你已經在網路上建立起進行網路宣傳與行銷的平臺，並不意味著只透過這兩個操作就可以實現真正意義上的網路銷售，就能為你帶來商機。

那如何才能進行真正意義上的網路宣傳與行銷，達到用網路門市提升品牌與銷售成功率的目的呢？同時在網路投放廣告，有哪些平臺可以選擇呢？經過我長期的研究，我給出如下建議供各位老闆參考，希望能對你的網路宣傳與行銷有一定的指導作用。

根據你的實際需求，在相關網站（如 Yahoo!）上投放一定比例的廣告，可以在第一時間將客戶引到你的賣場，製作精美的廣告可以更快地吸引使用者的眼球。

定製各種「專題服務」。可以經常向所在電商平臺定製各種專題（包括各種商品促銷、新品釋出、市場推廣等專題），這樣使你的店鋪推廣定位明確，針對性強，對網路宣傳與行銷有絕對的作用。

參與所在電商平臺舉辦的各種網路與實體推廣活動。

利用電子郵件。在你業務洽談的電子郵件中，附上賣場的專用網址及介紹。

利用其他網站資源，引客流到賣場中。巧妙利用其他社群平臺，到其他商務網站上註冊、建立帳號，並且把賣場的網址留在上面，讓看到的客戶都到你的賣場逛逛。

以上 5 點只是我從工作中及有成功營運網路門市經驗的商家那裡總結出來的部分推廣建議，另外，你也可與其他賣場或網站進行友情連結等，只要是對推廣你的賣場有促進作用的都可以去嘗試。

當然，你也可以將推廣中的經驗、心得與我們及其他商家進行分享。現在每天都有很多新開的店，經營同一種商品的就有幾千家，你要在幾千幾萬家店鋪裡脫穎而出，其難度可想而知了。所以我們要「動」起來，每天去推廣自己的店鋪。

除了以上這些，你還可以利用以下幾點來推廣你的網路門市：

1. 從你身邊的人著手，透過你的熟人推廣

告訴你所有的親戚朋友，你賣的產品、賣場網址，這樣等到他們想要買同類東西時就自然會想起你的。雖然時間上可能比較慢，但這可是不用花錢的廣告哦。各位老闆們可能也有同感：自己店裡的東西總共沒賣出去幾件，開賣場倒是投資了很多錢進去，這樣也要錢，那樣也收費的，這些投資還不知道哪年才能回收呢。所以，有這樣免費做廣告的資源當然不能放過。

2. 利用自己的簽名檔

多去一些大型論壇發表好的文章，在自己的簽名檔裡加入你賣場網址的連結和你的連繫方式，吸引更多的人來你的賣場。

3. 多交朋友

這點相信不需要我多說什麼，你的朋友多了，大家也會幫你做宣傳的。當然你也可以幫別人做宣傳的，大家互相幫助嘛。還有和其他的賣場做做友情連結也可以宣傳自己的店。

4. 在入口網站上做廣告，購買廣告

這是一種在我看來最直接有效的方法，當然，也是一種要花錢的方法。入口網站有很多廣告，你只要捨得投入就一定能得到回報。

5. 在買家身上做文章，讓他們幫你做廣告

你可以去印一些設計精美的名片，出貨的時候附帶把你的名片放進去，讓買家和他身邊的朋友知道有你這麼家店；還有就是在給買家評價時加上自己店鋪的訊息，內容包括你的產品、你們的服務宗旨之類的。當有人看你這個買家的評價時就有可能看到你的店鋪訊息，這也是宣傳自己的好方法。

說了這麼多，其實不管是哪種廣告宣傳方式，只要適合你的就是好的。

第六節　家居建材網路團購

儘管網路團購的出現時間並不長，但卻已經成為一種新消費方式。據了解，目前網路團購的主力軍是年齡 25 至 35 歲的年輕族群。團購已十分普遍，成為眾多消費者追求的一種現代、時尚的購物方式。

如今網購已經是一件稀鬆平常的事，隨著網際網路的普及，跨地區的消費者開始有組織地組成團體透過網路向商家購買產品，這種消費模式即網路團購。隨著這種模式的逐漸擴大，網路團購成為越來越多人參與的一場消費革命。

目前網路團購產品逐漸從最初的單一化向多樣化、從小眾逐漸朝向大眾，小到圖書、玩具、食物、家電、手機、電腦等小商品，大到家居、建材、房產等價格不很透明的商品，都有消費者因網路合團購買。不僅如此，團購也延伸到個人消費、健康體檢、保險、旅遊、教育培訓以及各類美容、健身、休閒等多個領域。

所以，身為家居建材門市的老闆，如果你不想被激烈的市場競爭所淘汰的話，就要緊跟時代潮流，讓你的門市也加入到這場網路團購的狂歡中去。那麼，家居建材的網路團購應該如何做呢？首先，你需要了解一下網路團購的相關內容。

網路團購的主體大體可以歸為三類：購買者、銷售者、主購。三類主體結合方式的不同，也決定了網路團購具體形式的不同。目前存在的網路團購形式大體可分為三種：

1. 消費者透過網路自發組織的團購

此種團購中，所有參與網路團購的都是消費者，主購作為消費者之一，透過網路將零散的消費者組織起來，以團體的優勢去與銷售者談判，從而獲得比單個消費者優越的購買條件。

2. 銷售者透過網路組織消費者團購

此種團購中，銷售者透過網路釋出團購訊息，邀請消費者參與團體採購，而銷售者自願將價格降到比單個採購更低的水準。因為消費者採購數量大，從而也確保了銷售者更大的利潤。

3. 專業團購組織透過網路組織團購

此種團購中，除了消費者和銷售者以外，尚有專業的團購組織。專業團購組織既不是消費者，也不是銷售者，而是為了幫助消費者購買而提供服務的仲介平臺。當然，此種形式的組織者也可能是個人。

當你了解了以上三種目前比較流行的團購方式後，相信該怎麼做，你就能做到心中有數了。

總之，不管什麼時候，身為家居建材門市老闆的你，如果不想被激烈的市場競爭所淘汰的話，那就要始終與時俱進。只有這樣，你才能成為一個合格的家居建材門市老闆。

電子書購買

爽讀 APP

國家圖書館出版品預行編目資料

建材門市經營全攻略，從傳統到現代的經營智慧：迎戰網路時代的轉型與創新，從基礎到專業，全面提升經營效能 / 裴智 著 . -- 第一版 . -- 臺北市：財經錢線文化事業有限公司 , 2024.03
面； 公分
POD 版
ISBN 978-957-680-807-4(平裝)
1.CST: 商店管理 2.CST: 建築材料
498 113002576

建材門市經營全攻略，從傳統到現代的經營智慧：迎戰網路時代的轉型與創新，從基礎到專業，全面提升經營效能

臉書

作 者：裴智
發 行 人：黃振庭
出 版 者：財經錢線文化事業有限公司
發 行 者：財經錢線文化事業有限公司
E-mail：sonbookservice@gmail.com
粉 絲 頁：https://www.facebook.com/sonbookss/
網 址：https://sonbook.net/
地 址：台北市中正區重慶南路一段六十一號八樓 815 室
Rm. 815, 8F., No.61, Sec. 1, Chongqing S. Rd., Zhongzheng Dist., Taipei City 100, Taiwan
電 話：(02) 2370-3310 傳 真：(02) 2388-1990
印 刷：京峯數位服務有限公司
律師顧問：廣華律師事務所 張珮琦律師

定 價：399 元
發行日期：2024 年 03 月第一版
◎本書以 POD 印製